**ÉDITIONS BIBLIOMANE PREND À CŒUR DE REPRODUIRE EN FAC-SIMILÉ, LE PLUS FIDÈLEMENT POSSIBLE ET AVEC UN TRÈS GRAND SOIN, DE BEAUX OUVRAGES OUBLIÉS OU MÉCONNUS AUJOURD'HUI.**

La collection « Atlas de poche du naturaliste », des éditions Librairie des Sciences Naturelles Paul Klincksieck et de son successeur Léon Lhomme éditeur, date de la fin du XIX^e^ et du tout début du XX^e^ siècle. Elle présente de nombreuses et impressionnantes planches imprimées à l'époque en chromolithographie, procédé aujourd'hui disparu. Éditions Bibliomane s'est efforcé de rendre au mieux le charme de cette technique qui requérait pas moins de cinq passages sur les presses et permettait d'obtenir de superbes couleurs.
Les textes de ces livres, rédigés dans un style de vulgarisation scientifique délicieusement suranné, sont exactement identiques à ceux de la publication originale.

*Atlas de poche des plantes utiles des pays chauds*
*les plus importantes pour le commerce*
P. de Janville, publication originale de 1902 par Léon Lhomme éditeur, successeur de Paul Klincksieck éditeur.
ISBN : 978-2-36743-031-7
Collection « curiosités naturelles » ISSN : 2274-4266


Éditions Bibliomane – 9, rue Casimir Delavigne, 75006 Paris.
**www.editionsbibliomane.com**

Achevé d'imprimer en novembre 2025 par Printer Trento Srl, Italie.
Photogravure : Artilitho, Trento, Italie.
Dépôt légal : juillet 2016
Direction artistique : Laurent & Laurence, Paris. www.laurent-laurence.com

# BIBLIOTHÈQUE DE POCHE

DU

# NATURALISTE

XII

Bibliothèque de poche du Naturaliste — XII.

# ATLAS DE POCHE

DES

# PLANTES UTILES

DES

# PAYS CHAUDS

les plus importantes pour le commerce

PAR

P. DE JANVILLE

*63 planches coloriées et 37 planches noires*

représentant 78 espèces et 21 vues d'ensemble, de culture ou de végétation

PARIS
LIBRAIRIE DES SCIENCES NATURELLES
PAUL KLINCKSIECK
3, RUE CORNEILLE, 3
1902

# PRÉFACE

Le mouvement colonial moderne a amené la production de nombreux ouvrages traitant des plantes utiles des pays chauds; les uns embrassent toutes celles qui peuvent être utilisées, d'autres se restreignent à la culture ou à l'exploitation de certaines d'entre elles.

Notre programme est tout différent; il consiste à mettre à la portée de tout le monde quelques notions générales sur un *choix* de plantes exotiques dont les produits trouvent un emploi courant dans l'alimentation ou l'industrie européennes.

Ce choix repose principalement sur les chiffres des importations en France, en Allemagne et en Grande-Bretagne, pays que nous mettons en parallèle le plus souvent possible, afin de montrer l'importance du commerce en produits exotiques de chacun d'eux et, pour les deux derniers pays, par rapport au nôtre.

Notre ouvrage est divisé en deux parties : dans la première sont décrites et figurées les espèces les plus importantes, *à peu près* dans l'ordre suivant : plantes alimentaires et pharmaceutiques; huiles et parfums; plantes tinctoriales et tannantes; textiles et fibres; cires, résines, gommes; bois d'ébénisterie, de charpente, etc.

La partie II contient les descriptions sans figures d'espèces de moindre importance et les statistiques commerciales qui n'ont pu trouver place dans la partie I. Un vocabulaire français, allemand, anglais, hollandais et italien, suivi d'un tableau comparatif des droits d'entrée des produits cités termine le volume.

Notre intention a été d'être simple et pratique pour être compris de tout le monde. Dans ce but, les chiffres désignant des poids, mesures et monnaies étrangers ont tous été rapportés au système métrique, usage que l'on voudrait voir adopté dans les ouvrages traitant des mêmes questions, car il facilite singulièrement les comparaisons. Les chiffres cités se rapportent autant que possible à la même année (1899) ; ils ont été arrondis afin d'en rendre la lecture moins fatigante.

Nous ne nous dissimulons pas les imperfections de ce premier essai traitant de tant de sujets différents et nous tâcherons de faire mieux, si possible, dans une édition future.

**L'Auteur.**

*Janvier 1902.*

# PARTIE I

## CAFÉIER.

Sur les trente ou quarante espèces de Caféiers connus, deux seulement font l'objet de cultures sérieuses : le *Coffea arabica* qui croît à l'état sauvage en Abyssinie, au Soudan, sur les côtes de Guinée et de Mozambique. C'est le plus anciennement répandu. L'autre, le *Coffea liberica,* est indigène dans l'Afrique occidentale. On le substitue fréquemment de nos jours, à l'arabica, depuis qu'un champignon de la famille des Urédinées, l'*Himileia vastatrix,* a commencé en 1869 à détruire les riches plantations de café de Ceylan et d'autres ensuite. Le Coffea liberica est réfractaire à ce champignon et remplit donc à peu près le même rôle dans cette culture que les vignes américaines dans la lutte contre le Phylloxéra.

Les Abyssins buvaient du café bien avant les Croisades, mais les auteurs de cette époque ne font pas encore mention de ce produit. Petit à petit cependant, celui-ci s'infiltra en Arabie où sa culture remonte à 1511 ; de là, il gagna la Syrie, la Turquie, l'Égypte ; en 1615, les premiers grains arrivèrent à Venise, en 1616 en Hollande, peu après à Londres ; en 1644 à Marseille, en 1657 à Paris, en 1687 à Leipzig. On en but pour la première fois à la cour de Louis XIV en 1664. Mais ce fut surtout en Hollande que son usage fit de rapides progrès. A Java, les premières boutures de Caféier furent apportées en 1699 de Malabar ; elles sont devenues les plantes mères de toutes les plantations de l'Archipel néerlandais où cette culture est toujours restée très importante.

Un Hollandais, le premier, introduisit sa culture en Amérique en 1718 à Surinam ; la Martinique suivit en 1723, la Guadeloupe en 1730. La Réunion en avait commencé la culture en 1717 avec des graines d'Arabie. La Jamaïque en 1728, le Brésil en 1762, Cuba en 1797, Costa-Rica en 1832 et d'autres encore suivirent ces exemples.

La production très considérable de Ceylan déclina par suite de l'invasion du champignon dont il a été question plus haut, tandis que celle du Brésil prit une extension énorme ; déjà, au milieu du siècle dernier, ce pays produisait la moitié de la consommation totale du globe; elle atteint les trois quarts actuellement. (Voir partie II.)

Nos colonies, où jadis le café était prospère, n'en produisent plus que des quantités infimes, en partie à cause toujours de ce parasite et aussi parce que la canne à sucre, de culture facile, lui est préférée. Cependant tous nos épiciers affichent du Bourbon, du Guadeloupe, du Martinique. De ce dernier, 1.400 kilos sont venus en France en 1898 ! les deux autres îles ont à peine fourni 590.000 kilos sur les 81 millions 1/2 de kilos consommés en France en 1899. Mais le public *exige* ces provenances ; le commerçant lui donne donc ce qu'il demande ; il trompe sur l'origine parce qu'il ne peut pas faire autrement. C'est au public à ne pas demander ce que bien souvent on ne peut lui donner, parce que cela n'existe plus ou insuffisamment. Et il en est ainsi de tant de produits !

Le Caféier est de culture facile à la condition de se trouver dans le milieu qui lui est nécessaire ; il demande une certaine altitude, au moins 200 mètres, de l'ombre sous de grands arbres, d'être abrité contre les vents, une certaine humidité et une température moyenne de 15 à 25 degrés, non moins que des engrais appropriés. Le Caféier d'Arabie atteint environ 5 à 8 mètres, celui de Libéria de 6 à 10 ; les feuilles de

Graines alimentaires.

**Caféier.**

*Coffea arabica.*

— Rubiacées. —

ce dernier sont beaucoup plus grandes et plus coriaces.

Les fruits (pl. 1, fig. *a*) renferment habituellement deux graines entourées d'une fine pellicule qui se détache en séchant ; lorsqu'elle est rose, c'est signe de qualité très ordinaire ; les cafés Neilgherry, de l'Inde, ont une pellicule blanc-argenté, indice de la finesse de leur qualité. Le café subit différentes préparations, lavages, avant d'être exporté. Pour les détails, consulter l'ouvrage cité au bas de cette page (1).

Un détail curieux à propos d'une sorte, rare du reste, le café *Préanger* des Indes néerlandaises : on le laisse griller au soleil pendant plusieurs années, jusqu'à ce qu'il soit complètement bruni et que les vers s'y mettent. A raison de sa rareté et cherté, le Préanger est souvent falsifié ; on lui substitue des sortes de forme analogue, trempées dans un colorant. L'odeur, d'abord, est toute différente de celle du Préanger qui, même non torréfié, répand un parfum très fort. Mais ce que la falsification surtout ne rend pas, ce sont les trous de vers. Partout ailleurs, c'est indice de mauvaise qualité. Ici, c'est l'inverse !

## 3-4. — THÉ DE CHINE.

En allemand : *Thee;* en anglais : *Tea;* en russe ; *Tchaï;* en chinois : *Tchâ.*

Arbrisseau originaire sans doute de la région montagneuse qui sépare les plaines de l'Inde de celles de la Chine ; de là, il s'est répandu en Chine où il est cultivé depuis 4.600 ans ; au Japon, on ne pratique sa culture que depuis le VIIIe siècle de notre ère.

Longtemps, la Chine fut seule à exporter du Thé ; celui-ci arrivait en Europe par l'intermédiaire de la célèbre Compa-

1. *Lecomte*, le Café ; culture, manipulation, production. 1899. Un volume in-8°. Prix : 5 francs.

gnie anglaise des Indes qui en avait obtenu le monopole jusqu'en 1859 ; un de ses registres le cite pour la première fois en 1664 à propos d'un cadeau de deux livres fait au roi. Jusque vers 1678, ce produit se vendait de 125 à 250 francs la livre anglaise (453 grammes). Déjà en 1703, les importations s'élevèrent à 455.000 kilos vendus en moyenne à 44 fr. le kilo, quantité qui en 1721 avait presque décuplé. On évalue à 340 millions de kilos les ventes faites par cette Compagnie des Indes, de 1710 à 1810. Actuellement, la Grande-Bretagne absorbe à elle seule en trois ans ce qui à cette époque approvisionnait l'Europe pendant un siècle.

Des difficultés survenues avec la Chine montrèrent au gouvernement anglais le danger de n'avoir que ce seul fournisseur. Aussi fit-on de grands efforts pour introduire la culture du Thé dans l'Inde ; le premier essai réussi en remonte à 1835, le premier envoi en Europe à 1838. Aujourd'hui, l'Assam et Ceylan fournissent près des 9/10 du Thé consommé en Angleterre.

En France, la consommation du Thé augmente très lentement, elle ne représente pas 8 % de celle de nos voisins d'outre-Manche. Mais nos amis les Russes en sont d'autres grands consommateurs. En 1894, leurs importations ont atteint près de 24 millions de kilos de Thé en feuilles et plus de 40 millions en y comprenant le Thé en briques et en tablettes.

C'est sous cette forme que les Chinois livrent aux Mongols, Kalmouks et autres nomades asiatiques, un amalgame de feuilles de Thé très ordinaires, sinon gâtées, de sang ou de matières animales gélatineuses, comprimé puis séché au four. Ces peuplades en font leur boisson et une partie de leur nourriture ; les tablettes servent souvent même de monnaie.

La Russie estime plus particulièrement le *Thé de caravane* importé par voie de terre à travers l'Asie ; son authenticité est certaine ; les droits d'entrée en Russie étant de 513 francs

**Feuilles alimentaires.**

**Thé de Chine.**

Thea sinensis.

— TERNSTRŒMIACÉES. —

**Cueillette du Thé.** (Indes anglaises.)

par 100 kilos pour les importations de ce produit par voie d'Europe, contre 318 francs par voie de terre, c'est-à-dire par la frontière asiatique, la différence de près de 2 francs par kilo compense largement les frais de transport plus élevés par traîneaux ou à dos de chameaux. En 1894, le Thé de caravane dépassait le tiers de la consommation totale en Russie. Aucun pays ne prélève un droit de douane aussi élevé sur le Thé que la Russie ; aussi la contrebande y est-elle très active, surtout du côté de la Prusse.

Le Thé subit bien des préparations délicates avant d'être livré à la consommation. La place nous faisant défaut pour les expliquer ici, ainsi que pour parler des différentes sortes, de la culture, etc., nous renvoyons le lecteur désireux de s'instruire à la monographie récente citée au bas de cette page (1).

Disons seulement qu'à notre avis le Thé de l'Inde et de Ceylan est loin de valoir celui de la Chine comme parfum et arome. Il en faut moins pour faire une infusion, mais elle nous a toujours produit l'effet de foin bouilli. Aussi restons-nous fidèle au Thé de Chine. Malheureusement le « Thé anglais », grâce à son bas prix et à une réclame savamment organisée, s'infiltre de plus en plus chez nous.

Les falsifications du Thé sont nombreuses ; en Russie, on est allé jusqu'à cultiver en grand certaines plantes comme l'Herbe de Saint-Antoine *(Epilobium angustifolium)* pour en mélanger les feuilles au vrai Thé, pratique poursuivie par les tribunaux. Parmi les autres succédanés relevés officiellement en Russie, citons les feuilles d'Airelle rouge, d'Epine-Vinette, du Pommier, du Tilleul, de la Bourdaine. Il y a quelques années une enquête révéla que sur 102 échantillons prélevés dans des magasins quelconques à Varsovie, Moscou

1. *Boutilly*, le Thé; sa culture et sa manipulation. 1898. Un volume in-8°, avec 16 figures et 2 planches hors texte. Prix : 2 francs.

et Saint-Pétersbourg, 46 étaient falsifiés. Ajoutons qu'en 1860, pareille enquête faite à Paris amena 65 échantillons sophistiqués, sur 65 achats faits chez des épiciers. Nous espérons que notre Laboratoire municipal a amélioré cet état de choses !

## 5-6. — CACAOYER.

Le Cacaoyer est un arbre de taille moyenne, variant entre 4 et 10 mètres de hauteur, avec de grandes feuilles coriaces et de nombreuses petites fleurs (fig. *a*) naissant le plus souvent à l'aisselle des feuilles tombées. Un petit nombre seulement de ces fleurs se transforme en fruits; les autres se flétrissent et tombent. Le fruit, dont la fig. *b* montre la forme d'une des variétés les plus estimées, est appelé *Cabosse;* il renferme de nombreuses graines ou fèves.

La patrie du Cacaoyer est l'Amérique tropicale; il existe à l'état spontané dans les forêts de la vallée de l'Amazone et de ses affluents, ainsi qu'à l'île de la Trinité. Au Mexique, on le cultivait avant l'arrivée des Espagnols; ses graines étaient déjà si estimées qu'on s'en servait même de monnaie, et l'usage de boire du chocolat — ce mot est d'origine mexicaine — y était général.

Aujourd'hui, le Cacaoyer est l'objet d'importantes cultures dans toute la partie chaude de l'Amérique, dans les Indes néerlandaises, à Ceylan et dans l'Afrique tropicale.

L'industrie de la chocolaterie introduite du Mexique en Espagne, de là en Italie puis en France, n'a pas tardé à prendre chez nous une importance de plus en plus considérable et actuellement notre pays est le plus fort importateur de Cacao.

La culture du Cacaoyer n'est possible que dans certaines

**Graines alimentaires.**

**Cacaoyer.**

Theobroma Cacao.

— Sterculiacées. —

conditions. C'est un arbre délicat, exigeant sous le triple rapport de la chaleur, de l'ombre et de l'humidité; il demande aussi d'être abrité contre la violence des vents, si redoutables sous les tropiques, car il leur résiste mal, sa racine pivotante ne le retenant que faiblement au sol.

La place nous manque ici pour entrer dans les détails de cette culture qu'on trouvera exposés dans l'ouvrage cité au bas de cette page (1).

Le Cacaoyer rapporte 5-6 ans après semis, mais ce n'est qu'à la dixième ou douzième année que la récolte donne son plein rendement. Il fleurit et fructifie toute l'année; on peut récolter de même, mais en général on ne le fait que deux fois par an, à des époques dépendant des régions.

Dans certains pays, après avoir coupé les cabosses, on les laisse fermenter en tas avant de les ouvrir (voir planche 6); dans d'autres, la fermentation ne se fait qu'après; ailleurs même, on ne la pratique pas du tout en se contentant de laver et sécher les graines, ce qui, paraît-il, nuit beaucoup à la qualité du produit.

Un Cacaoyer en plein rapport porte en moyenne une quarantaine de cabosses pesant fraîches environ 400 grammes chacune; le rendement moyen varie entre 1/2 et 3 1/2 kilos de graines sèches par arbre.

Le Cacaoyer a de nombreux amis — ennemis au point de vue de l'homme — qui guettent ses fruits, ses feuilles et même l'écorce : singes, antilopes, rats, perroquets, criquets, fourmis, chenilles, coléoptères et pucerons, non moins que des champignons et autres végétaux parasites dont on ne se défend pas toujours avec succès.

1. *Lecomte et Chalot*, le Cacaoyer et sa culture. Paris, 1897. Un volume in-8° de 121 pages. Prix : 2 francs.

## 7-8. — CANNE A SUCRE.

Plante herbacée, à souche vivace, dont les tiges *pleines*, hautes de 2 à 4 mètres, pouvant même en atteindre 5 et 6, sur 1/2 à 4 centimètres de diamètre, sont colorées en jaune, en rouge, en violet, vert, etc.; elles ont des nœuds distants de 10 à 15 centimètres et d'autant plus écartés que la croissance a été plus rapide. Les feuilles engainantes (pl. 8, fig. *b*) sont planes, longues de 50 centimètres à 1 m. 25, larges de 4 à 5 centimètres, rudes et rapprochées les unes des autres.

Les fleurs forment un panache, appelé *flèche;* la fig. *a* en montre un rameau plus détaillé.

Cette plante, que l'on reproduit par boutures, est cultivée pour le jus sucré que renferment ses tiges. On obtient celui-ci en pressant et écrasant les tiges dans des moulins ou bien par macération; d'autres manipulations sont nécessaires pour le filtrer, le cuire, et le débarrasser de la mélasse qu'il contient. Enfin, le sucre brut ainsi obtenu est soumis au raffinage, après quoi il est mis dans le commerce sous la forme que nous connaissons.

La mélasse donne par fermentation et distillation le rhum ou tafia, produit accessoire très important.

Les déchets des cannes ou *bagasses* ne sont pas perdus; on les brûle généralement. Mais quand l'extraction du sucre se fait par macération, on ne peut plus brûler les résidus, on en fait du papier. La cellulose de canne fournit une bonne pâte à papier d'emballage et même des papiers blancs et fins. On cite une usine dans la Louisiane qui en fabrique 10.000 kilos par jour.

Il nous reste à parler de l'origine et de l'histoire de la Canne à sucre. Cultivée aujourd'hui dans toutes les régions chaudes du globe, elle le fut tout d'abord dans l'Inde et en Cochinchine d'où elle s'est répandue en Afrique, puis en Amérique, mais on ne l'a trouvée nulle part à l'état sauvage.

**Plantation de canne à sucre.** (Indes néerlandaises.)

## Tige alimentaire.

**Canne à sucre.**

*Saccharum officinarum.*

— GRAMINÉES. —

Le nom scientifique *Saccharum* dérive de *sarkara* qui en sanscrit signifie sucre ; les Arabes en firent *sukkar*, d'où les noms plus ou moins semblables des langues européennes modernes.

Les Grecs et les Romains connaissaient le sucre de Canne, qu'ils appelaient *miel de Canne*, mais non la plante. Ce furent les Arabes qui répandirent celle-ci d'abord en Arabie, puis en Égypte et en Palestine. En 714, les Maures l'apportèrent en Andalousie d'où elle arriva à Madère, puis en 1420 aux Canaries. Pendant longtemps ces îles approvisionnèrent l'Europe de sucre, jusqu'à ce que cette culture, introduite à Saint-Domingue en 1494, puis à Cuba, finît par prendre une telle importance au nouveau monde que ce dernier put suffire à lui seul pendant longtemps aux besoins de la consommation.

On est si habitué au sucre de nos jours, qu'il serait difficile de concevoir une époque sans lui ou de le remplacer par autre chose.

Sans sucre, ni le café, ni le thé, ni le chocolat ne nous paraîtraient buvables. Ces produits étant inconnus dans l'antiquité et au moyen âge, le besoin de sucrer se faisait parallèlement moins sentir. On avait le miel pour faire des gâteaux, etc. ; la production de celui-ci devait être importante à en juger par un seul fait cité par Tite-Live : dans leur lutte contre les Corses, deux siècles avant notre ère, les Romains, chaque fois que ces fiers insulaires furent défaits, leur imposèrent un tribut consistant en 100 à 200.000 livres de cire, quantité énorme pour ce petit peuple. On peut en induire quelle quantité de miel il a fallu pour l'obtenir.

## 9-10. — RIZ.

Herbe annuelle, de 1 mètre à 1 1/2 de hauteur, de culture très ancienne, puisque des documents chinois remontant à plus de 4.700 ans en parlent déjà ; elle ne doit guère être moins ancienne dans l'Inde, d'où elle s'est répandue jusqu'en Syrie, puis en Égypte, en Italie, en Espagne et plus récemment aux États-Unis (Louisiane et Caroline).

Quoique répandu aujourd'hui dans toutes les parties du monde, c'est l'Asie méridionale qui en produit les plus fortes quantités, notamment les Indes anglaises et néerlandaises, la Chine, l'Indo-Chine, le Japon, le Siam, etc.

Sa culture se fait dans des terres inondées naturellement pendant une partie de l'année ou facilement irrigables, dans des sols souvent marécageux où d'autres céréales ne sont pas cultivables. Il lui faut beaucoup de chaleur et des engrais. Comme il ne met que quatre à cinq mois pour mûrir, on peut en faire plusieurs récoltes dans une même année.

C'est un des principaux mais non l'aliment exclusif de tous les Asiatiques comme on le répète souvent. Ainsi dans l'Inde, le Riz, abondant dans la présidence du Bengale, l'est peu dans celle de Bombay et de Madras. Là, on cultive en grand divers *Millets,* surtout le *Mil* (voir l'article suivant), qui constituent une des ressources alimentaires les plus importantes de l'Hindou.

Mais pour notre colonie à population si dense de l'Indo-Chine, le Riz est non seulement un article de première nécessité, mais encore un objet d'exportation de grande valeur. Les 4/5 de nos importations de Riz en France proviennent de l'Indo-Chine, surtout de la Cochinchine et du Cambodge. Ce n'est même qu'une faible partie de leur production, puisqu'en 1899 le total de cette exportation s'est élevé à près de 800 millions de kilos, évalués à 100 millions de francs,

Rizière au moment du repiquage.

## Graines alimentaires.

**Riz.**

Oryza sativa.

— Graminées. —

dont plus de moitié ont été dirigés sur Hong-Kong pour être consommés dans la Chine méridionale.

Le Riz et le Poivre sont actuellement les principaux articles exportés de l'Indo-Chine, en attendant que le Jute y gagne du terrain pour nous rendre indépendants du Bengale.

Le Riz rend 60 à 70 fois plus que l'orge et l'avoine; il renferme environ 75 % de fécule et n'est pas échauffant; c'est donc un aliment tout indiqué pour les pays tropicaux. Mais à cause de sa pauvreté en gluten, le Riz ne peut servir à faire du pain. Par contre, il sert dans l'industrie des tissus employant des apprêts et fournit un appoint important à la fabrication de l'amidon. On en obtient encore par fermentation une boisson alcoolique, formant la base du Rack ou Arack, usitée dans l'Inde.

La paille de Riz trouve de l'emploi dans la fabrication du papier et des chapeaux de paille. Les balais portant ce nom ont une origine autre, expliquée à l'article suivant.

## MIL ou SORGHO COMMUN.

Plante vivace, robuste, haute de 2 à 6 mètres, à tige fortement articulée, très répandue et cultivée dans toute l'Afrique, dans l'Inde et en Chine, où ses graines servent à faire du pain.

Ces graines (pl. 11, fig. *a* et *b*) sont entourées de deux écailles noirâtres, assez coriaces, difficiles à séparer.

Le Mil réussit bien dans les climats secs où une longue sécheresse succède à une période pluvieuse de plusieurs mois; il lui faut en outre un sol assez fertile.

Connu sous le nom de *Dourra* dans une grande partie de l'Afrique équatoriale, le Mil forme la base de la nourriture de la population noire de ces régions, ainsi que celle de nombreux Hindous et Chinois. Il n'en est exporté que peu en Europe; les chiffres donnés par les statistiques mélangent, du reste, Mil, Millet, Alpiste, etc., de sorte que nous ne pouvons rien préciser à ce sujet.

La tige d'une des nombreuses variétés de Sorgho contient du sucre; on la cultive aux États-Unis (Minnesota) et en Italie. Une autre variété fournit ces balais et brosses dits en paille de riz, industrie prospère depuis longtemps dans le Tyrol méridional non moins qu'en Italie et dans quelques régions en France.

Le *Millet* (Penicillaria spicata) est une plante toute différente d'aspect; l'épi en est dense et très serré comme celui des Typha ou Massettes d'eau de nos rivières et étangs. C'est surtout avec les graines de cette plante que les Arabes et les Sénégalais préparent le Couscouss. Elle est répandue en Afrique, en Arabie et dans l'Inde.

**Mil.**

*Andropogon Sorghum.*

— Graminées. —

## BANANIER (Musacées).

Les Bananiers, grandes plantes portant d'énormes feuilles, sont répandus dans tous les pays tropicaux où leurs fruits constituent souvent la principale nourriture de leurs habitants.

Il en existe de nombreuses espèces et variétés, modifiées encore par la culture ; les deux principales : le *Musa paradisiaca* et le *Musa sapientum,* dont beaucoup d'autres paraissent dérivés, intéressent seules l'Européen.

Les fruits ou Bananes naissent agglomérés sur une tige très vigoureuse, comme le montre notre planche ; ces agglomérations sont appelées *régimes.*

Les Bananes vertes, c'est-à-dire non encore mûres, renferment une forte proportion d'amidon qui se transforme en sucre cristallisable à la maturité. Une Banane mûre fond dans la bouche, la pulpe ne contenant presque pas de cellulose.

Ces plantes sont l'objet de cultures étendues en Algérie, aux Canaries, etc. ; il leur faut des stations abritées, chaudes ; un sol riche, beaucoup d'eau et ne pas être trop éloignées du littoral ; elles fournissent d'abondantes récoltes.

Mais ce sont les Antilles — surtout la Jamaïque et Cuba — dont la production est particulièrement importante. Rien que la Jamaïque a exporté en 1895-96 plus de 4 millions de régimes aux États-Unis, dont la consommation actuelle est évaluée au moins à quatre ou cinq fois cette quantité. Ces fruits malheureusement ne se conservent pas longtemps ; il faut les cueillir verts et les expédier rapidement. Ils mûrissent en route ou peu après leur arrivée.

L'Allemagne en tire de grandes quantités des îles Canaries d'où des vapeurs spécialement désignés les amènent en quelques jours à Hambourg. Ce fruit, excellent et très nutritif, devrait être mieux chez nous qu'une simple curiosité.

Un autre Musa produit une fibre textile des plus estimées. Voir page et planche 62.

## MANIOC.

Plante vivant 2 ou 3 ans, à racine produisant de gros tubercules, pouvant atteindre 1 mètre de longueur sur 25 centimètres de diamètre, souvent en nombre considérable et se développant sans interruption pendant plusieurs mois.

Originaire de l'Amérique tropicale, le Manioc est cultivé aujourd'hui dans presque toutes les régions chaudes du globe, pour la fécule très abondante contenue dans ses tubercules, associée à un poison violent heureusement volatil, car il disparaît par la cuisson ou la dessiccation. Préparée ainsi, cette fécule est un aliment sain, de digestion facile, qui dans les régions tropicales remplace souvent la pomme de terre.

Le Manioc se multiplie facilement par bouturage ; il supporte aussi bien une période de sécheresse prolongée que de pluie et conserve ses tubercules en terre pendant longtemps. Ce sont de précieux avantages pour l'indigène comme pour l'Européen habitant ou voyageant sous les tropiques.

Pour retirer la fécule, on râpe les tubercules après les avoir lavés et pelés ou râclés. La pulpe obtenue est ensuite cuite jusqu'à dessiccation complète ; on l'appelle *Cassave, Tapioca,* quand la fécule a été délayée dans l'eau, malaxée, etc., pour n'en garder que les parties les plus fines.

Le Tapioca est un produit de luxe bien connu en Europe où il sert à faire des potages comme son similaire le *Sagou,* mais celui-ci provient d'un palmier répandu en Malaisie et en Polynésie.

En 1899, la France a importé 51.000 kilos de Tapioca dont un quart a été livré à la consommation.

*Explication de la planche : a,* tubercules très réduits ; *b* et *c,* fleurs agrandies ; *d,* fruit grandeur nature ; *e,* une graine isolée.

**Racine alimentaire.**

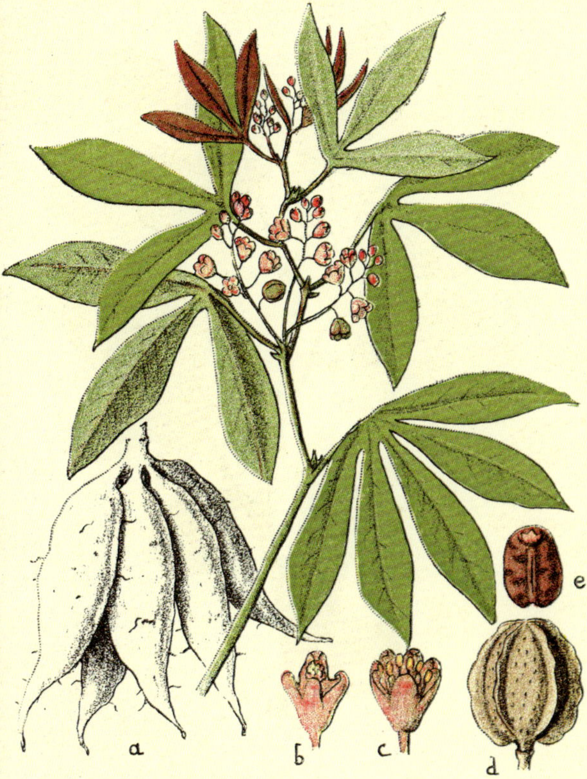


**Manioc.**

Manihot utilissima.

— EUPHORBIACÉES. —

**Figuier.**
Ficus Carica.
— MORÉES. —

## FIGUIER.

Arbre à suc laiteux de 4 à 6 mètres de hauteur, à cime large et voûtée, à écorce grise, lisse, à grandes feuilles très divisées, connu depuis la plus haute antiquité et répandu dans tout le Bassin méditerranéen.

Quoique le Figuier soit cultivé dans la France méridionale où, grâce à la douceur des hivers, ses fruits mûrissent très bien, nous n'en parlons ici qu'au point de vue algérien. L'Algérie, en effet (principalement la Kabylie), nous envoie plus de la moitié de nos importations : 8 millions 1/4 de kilos contre 7 1/2 d'Italie, d'Espagne et du Portugal réunis, sur un total de 16 millions de kilos entrés en France en 1899.

Les Figues *fraîches* sont nutritives et de digestion facile quand on a retiré l'enveloppe extérieure; mais la figue sèche, moins digeste, seule donne lieu à un commerce important. Le séchage se fait au soleil sur des claies avec des fruits bien mûrs qu'on entasse le soir pour les réexposer au soleil le lendemain et ainsi de suite jusqu'à ce qu'ils puissent se conserver. Finalement on les emballe bien serrés et aplatis dans des corbeilles ou des caisses dans lesquelles ils se transportent facilement au loin. Par la dessiccation les figues perdent environ 2/3 de leur poids.

Ces fruits torréfiés et réduits en poudre servent à fabriquer un succédané du café, analogue mais supérieur à la chicorée. C'est une industrie prospère en Autriche.

L'effet émollient et légèrement laxatif des figues est connu; elles entrent dans la composition de la tisane des quatre fruits, avec les dattes, les jujubes et les raisins secs.

Le *Ficus elastica*, que l'on cultive dans nos appartements pour ses belles feuilles persistantes, appartient à la même famille. Sous les tropiques, il devient un grand arbre ; son suc fournit un des meilleurs caoutchoucs.

## MUSCADIER.

Arbre touffu, variant entre 6 et 20 mètres de hauteur, sur 20 à 40 centimètres de diamètre et atteignant 50 à 70 années d'âge. Il porte des fleurs mâles ♂ et femelles ♀ séparées (pl. 15, fig. *b*).

La culture du Muscadier se pratique de longue date dans les îles de Banda, groupe d'une dizaine d'îlots situés vers 5° latitude Sud et 128° longitude Est, et y tient encore de nos jours la première place. Dans cette colonie hollandaise, le gouvernement sut garder le monopole de cette production de 1621 à 1796, mais bien avant eux et les Portugais qui découvrirent ces îles en 1521, l'Europe recevait des Muscades de ces régions lointaines.

Depuis une centaine d'années, cette culture s'est étendue aux autres possessions hollandaises et ailleurs, mais plus faiblement. Aussi la production de cet article, moins insignifiante comme on pourrait le croire que d'autres plus connus, a-t-elle quintuplé.

On utilise deux parties du fruit et pour les mêmes emplois : le noyau brun interne (fig. *c*) renfermé dans une baie charnue, s'ouvrant en deux valves à la maturité (fig. *a*), et la membrane charnue, rouge, très divisée, entourant ce noyau et qu'on appelle *Macis*. Il faut entre 100 et 1.000 noix muscades pour faire un kilo ; on voit qu'elles sont de grosseur très variable. Les plus grosses sont les plus estimées. Avant d'être exportées, on les roule dans de la chaux vive tamisée, ce qui leur donne un aspect blanc et doit les protéger contre les larves d'insectes, mais, en réalité, n'est d'aucune utilité. Les Hollandais croyaient de la sorte en empêcher la germination, pour être plus sûrs d'en garder le monopole. Cette pratique inutile s'est maintenue.

Les emplois de la noix et du macis sont surtout culinaires ; en médecine, on les utilise comme toniques et excitants aromatiques. (Voir partie II la statistique commerciale.)

**Fruits alimentaires.**

**Muscadier.**

*Myristica fragrans.*

— Myristicacées. —

## Écorce alimentaire.

**Cannellier.**

Cinnamomum zeylanicum.

— Lauracées. —

## CANNELLIER.

Petit arbre toujours vert à feuilles coriaces d'abord rouges, puis vert-luisant, à 3-5 fortes nervures parallèles, à odeur de girofle quand on les froisse. Les fleurs sont verdâtres, détail que la pl. 16 ne montre que dans la fig. *a* un peu agrandie.

Le Cannellier est très abondant à l'état sauvage dans les forêts de Ceylan et jusqu'à 2.000 mètres d'altitude. Jusqu'en 1770, on ne récoltait l'écorce des jeunes rameaux ou *Cannelle* que sur ces arbres sauvages, croyant que la culture en diminuait la qualité. Un colon, le Dr Koke, soutenu par le gouverneur de l'île (hollandaise jusqu'en 1796), créa alors les premières plantations qui réussirent très bien, mais que le premier gouverneur anglais fit restreindre avec défense d'en créer d'autres. Aujourd'hui ces cultures sont de nouveau prospères et s'étendent sur une largeur de 20 kilomètres sur la côte Sud-Ouest, la seule partie de l'île qui leur convienne.

La Cannelle sert à des usages culinaires, en pâtisserie et en médecine ; elle entre aussi dans la composition du Curry, cette forte épice anglaise.

Voir partie II la statistique commerciale.

La *Cannelle de Chine* (Cinnamomum Cassia) est un produit similaire originaire de la Province de Kouang-si. On le connaît surtout sous le nom de *Cassia lignea*. En 1899, la France en a importé 24.000 kilos pour sa consommation.

## 17-18. — POIVRIER.

Arbrisseau grêle et grimpant, à fleurs disposées en longs épis, donnant naissance à des fruits d'abord verts, rouges en mûrissant, et noirs et ridés en desséchant.

Comme bien d'autres plantes cultivées, le Poivrier ne se trouve plus à l'état spontané, mais sa patrie serait incontestablement le sud de l'Asie, peut-être le Malabar, mot que les linguistes ont traduit en *Côte du Poivre*.

Le Poivre a une histoire aussi ancienne que curieuse; il était connu des anciens Grecs et Persans; Dioscoride et Pline en indiquent la valeur marchande, et les Romains et, plus tard, les Turcs le soumettaient à un droit très élevé à son passage en Egypte. Au moyen âge, chaque bateau naviguant sur le Rhône, l'Isère et le Rhin était tenu de payer un droit de circulation consistant en une livre de Poivre. Au XIIIe siècle, Marseille en donnait chaque année une même quantité à tous les couvents fixés dans cette ville.

Jusqu'à la découverte de la route des Indes par le Cap de Bonne-Espérance (1498), les Républiques de Venise et Gênes durent une grande partie de leur prospérité à ce produit, considéré alors comme l'épice la plus précieuse; elles le tiraient du Levant où il arrivait par la mer Rouge. Ensuite les Portugais, qui allèrent le chercher directement au Malabar, en eurent le monopole jusqu'au XVIIIe siècle. Puis, ce fut le tour des Hollandais qui en introduisirent la culture aux îles de la Sonde, tandis qu'elle périclitait au Malabar.

Actuellement, le Poivrier est cultivé en grand à Sumatra, Java, Bornéo, en Malaisie, où Penang et Singapore en centralisent le commerce dans toute cette région; puis, dans les présidences de Bombay et de Madras, au Siam et sur les côtes orientales et occidentales de l'Afrique. Notre Indo-Chine, quoique tard venue, occupe également un rang de plus en plus important dans cette culture, particulièrement prospère au Cambodge et en Cochinchine. Le moment n'est sans doute pas éloigné où notre colonie couvrira entièrement nos importations de Poivre en France. (Voir partie II.)

**Poivrier noir.**

*Piper nigrum.*

— PIPÉRACÉES. —

Le Poivrier, plante essentiellement tropicale, exige un sol humide et fertile ainsi que de la chaleur, mais il supporte difficilement l'action directe des rayons solaires. Il faut donc le planter dans le voisinage d'arbres protecteurs.

On le cultive par boutures obtenues en pépinières, que l'on place au pied de grands et forts tuteurs autour desquels la plante pourra grimper, comme le montre la planche 18. Quelquefois les tuteurs sont remplacés par des arbres qui servent de support en même temps que d'abri. Pendant la saison sèche, des arrosages fréquents sont nécessaires.

La récolte se fait à partir de la 3e ou 4e année, atteint son maximum à la 7e ou 8e et baisse vers la 15e ou 20e. On estime qu'à Atchin, région au Nord-Ouest de Sumatra, que les Hollandais ont tant de peine à soumettre à leur influence et qui est particulièrement favorisée pour cette culture, un arbrisseau fournit 10 à 12 kilos de Poivre par an au bout de cinq ans, à la condition de lui donner une fumure convenable.

Pour avoir du *Poivre noir,* on cueille les épis dès que quelques fruits *commencent* à se teinter de rouge; le lendemain, on détache les grains en frottant les épis l'un contre l'autre, puis on étale ces grains au soleil sur des nattes pour les sécher. Ils prennent alors la couleur noirâtre et l'aspect ridé sous lesquels nous les employons. A Singapore, le séchage se fait au-dessus d'un feux doux.

Le *Poivre blanc*, un peu plus gros, est le fruit rouge, c'est-à-dire mûr, cueilli et froissé de la même façon, mais dans l'eau pour en détacher l'enveloppe qui le recouvre. Il perd ainsi une partie de ses propriétés caractéristiques.

Il existe d'autres espèces de Poivres, comme le *Cubèbe,* le *Poivre long,* etc. Leur importance commerciale n'est pas bien considérable.

## POIVRIER DE LA JAMAÏQUE.

*Observation :* La planche indique par erreur Myrtus Pseudocaryophyllus ; c'est le *Pimenta officinalis,* également de la famille des Myrtacées, qui a été et devait être représenté.

C'est un arbre toujours vert, de 8 à 10 mètres de hauteur, indigène aux Antilles, abondant surtout à la Jamaïque et à Cuba ; il se retrouve à la Guyane et dans d'autres régions tropicales.

Les fruits, de petites baies très odorantes, de même que les fleurs et les feuilles qu'il suffit de toucher pour se parfumer les doigts, ont une saveur aromatique piquante et poivrée ; cueillis et desséchés, ils font l'objet d'un commerce important sous les noms de *Poivre* ou *Piment de la Jamaïque, Myrte Piment, Toute-épice,* en anglais : *all-spices.* La Jamaïque en exporte environ 4 millions de kilos par an.

Les baies sont cueillies vertes et séchées au soleil pendant quelques jours ; il ne reste plus qu'à emballer.

On retire de ces fruits, de même que des feuilles, une essence analogue, comme odeur et composition chimique, à celle de girofle ; elle est employée en médecine et en parfumerie.

Dans les quantités de Piment indiquées à l'importation en France par nos douanes (Voir page suivante), au delà des 3/4 doivent, sans aucun doute, être du Poivre de la Jamaïque, à en juger d'après les provenances. La confusion provient de la similitude de certains noms populaires.

**Poivrier de la Jamaïque.**
Myrtus Pseudocaryophyllus.
— Myrtacées. —

## Fruits alimentaires.

**Piment.**

*Capsicum annuum.*

— Solanacées. —

## PIMENT COMMUN.

Plante annuelle de 30 à 70 centimètres de hauteur, originaire, croit-on, du Brésil, quoique on ne l'ait pas encore trouvée à l'état sauvage,

On la cultive un peu partout, comme semble l'indiquer certaines de ses nombreuses dénominations : *Poivre rouge, Poivre du Brésil, — de Guinée, — d'Inde, — d'Espagne, — du Portugal, Poivron, Corail des Jardins,* etc.

Le fruit, d'abord vert, devient rouge à la maturité ; il en existe aussi de jaunes, de panachés, suivant les variétés. On l'emploie comme condiment, pour stimuler les facultés digestives ; les vinaigriers en font usage pour donner de la force au vinaigre ; on les confit dans du vinaigre avec des cornichons, etc.

Les Piments cultivés en Europe sont infiniment moins piquants et brûlants que ceux des pays tropicaux, dont certaine très petite espèce, le *Capsicum minimum,* porte le nom caractéristique de *Piment enragé;* on le connaît dans l'Inde sous le nom de *Chilli.*

Le Piment réduit en poudre est connu en Hongrie sous le nom de *Paprika* et sert à préparer le ragoût national appelé *Goulasch;* il entre dans la composition du *Curry,* cet assaisonnement sans lequel l'Anglais ne ferait pas un repas. On se sert surtout de celui obtenu avec les Chillies, dont il est fait une énorme consommation dans l'Inde, où riches et pauvres en font journellement usage. Réduit en pâte entre deux pierres, additionné d'un peu de moutarde, d'huile, de gingembre et de sel, c'est le seul assaisonnement du riz pour des millions de pauvres Hindous.

Souvent, dans les ports de mer, on peut voir des coolies hindous employés comme chauffeurs à bord des navires, piler leur Piment et le manger tel quel. Il nous est arrivé d'y goûter, c'était atrocement fort.

En 1899, il a été importé en France 540.000 kilos de Piment, dont 74.000 sont entrés dans la consommation ; mais une grande partie doit certainement être rapportée au produit décrit à la page précédente.

## PAVOT SOMNIFÈRE.

Le Pavot somnifère est une plante annuelle, souvent cultivée dans nos jardins au point de vue décoratif, et en grand dans certains de nos départements, notamment le Pas-de-Calais et la Somme, en vue de la production de la graine dont on retire l'huile d'œillette, une des plus estimées pour la table.

Notre production n'est que de 7 millions et demi de kilos de graines par an, presque tous obtenus dans le Nord avec cette espèce et, une autre, le *Papaver setigerum*, dont les tiges et les feuilles sont couvertes de longs poils soyeux, tandis que le somnifère en est dépourvu. L'importation dépasse de beaucoup ce chiffre, puisqu'elle s'est élevée à 65 millions de kilos en 1899, dont l'Inde (toujours le Bengale) a fourni au delà des 3/4.

Le Pavot est l'objet de grandes cultures, encore à un autre point de vue, mais en Orient seulement.

Dès que les capsules, qui succèdent rapidement aux fleurs, se sont formées et avant que les graines ne soient mûres, on y pratique des incisions qui en font écouler un suc épais, gommo-résineux, appelé *Opium*. Celui qui a été obtenu ainsi est appelé *Opium en larmes ;* c'est le plus estimé. Les résidus, et aussi la plante entière, exprimés ou bouillis, fournissent une matière plus abondante, mais de qualité inférieure.

L'Opium et ses dérivés comptent parmi les produits les plus employés en pharmacie ; nous n'en citerons que le Laudanum, la Morphine, la Codéine, etc.

Les propriétés curatives du Pavot étaient déjà connues des anciens Grecs, Romains et Egyptiens. Tout le monde sait quel usage les Chinois et les Malais font de l'Opium.

La France a importé, en 1899, pour sa consommation intérieure, un peu plus de 10.000 kilos d'Opium. Mais son commerce d'importation et d'exportation dépasse plus de douze fois ce chiffre.

**Pavot.**

Papaver somniferum.

— Papavéracées. —

Graines alimentaires.

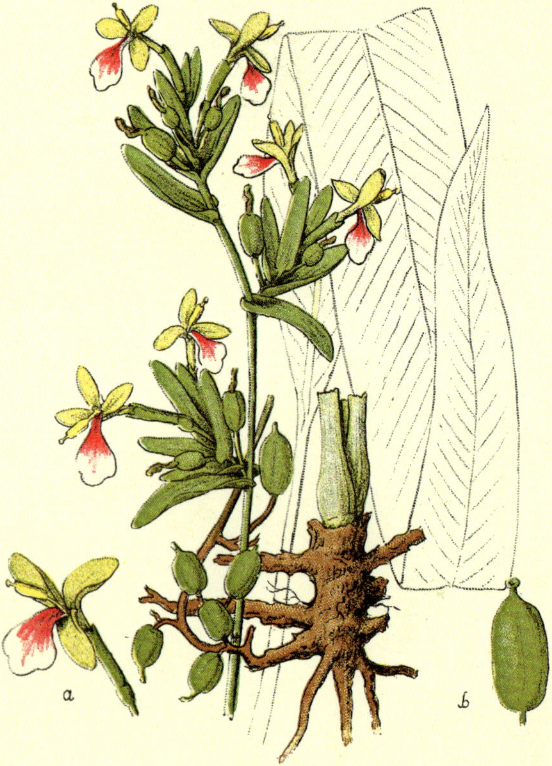


**Cardamome.**

Elettaria Cardamomum.

— ZINGIBÉRACÉES. —

## CARDAMOME.

Plante vivace, ayant l'aspect d'un roseau, à racine noueuse émettant des tiges de deux sortes : les unes stériles, hautes de 2 à 3 mètres, portant des feuilles engainantes longues de 40 à 70 centimètres ; les autres plus minces, d'abord horizontales puis verticales, n'atteignant que 60 centimètres et portant des fleurs. Les fruits (pl. 22, fig. *b* très réduite), qui à la maturité deviennent jaunâtres, ont la grosseur d'une muscade et renferment de nombreuses graines noirâtres, sont recherchés pour la pharmacie et comme épice, principalement pour la pâtisserie et la fabrication des liqueurs.

Cette espèce est indigène dans l'Inde, en Cochinchine et en Birmanie, et se rencontre jusqu'à 1.500 mètres d'altitude. Elle pousse en forêt, mais n'y mûrit que quand elle y trouve la lumière nécessaire qu'on lui donne en pratiquant des éclaircies avant la saison des pluies. Une plante rapporte au bout de 3 et pendant 6 à 7 ans ; il faut avoir soin de cueillir les capsules au moment où elles commencent à jaunir ; mûres, elles s'ouvriraient et les graines en tombant seraient perdues. On laisse sécher ces capsules au soleil pendant quelques jours, on les ouvre et finit de les sécher au four. Souvent on les cueille trop tôt pour éviter que les grenouilles, serpents et écureuils, qui en sont friands, ne les mangent ; mais c'est au détriment de la qualité des graines. La sorte la plus estimée vient de la côte de Malabar (Sud-Ouest de l'Inde). Ceylan en produit également de bonne qualité.

L'Inde et cette dernière île en exportent chaque année environ 150.000 kilos en Europe, en Arabie et en Perse. En 1899, la France en a importé 28.000 kilos dont 1/3 de l'Indo-Chine, mais seulement 3.750 kilos pour sa propre consommation, contre des arrivages de 65.000 kilos en Allemagne, desquels 45.000 ont été consommés.

## DATTIER.

Palmier de 15 à 25 mètres de hauteur, couronné par 40 à 60 longues feuilles finement divisées, à fleurs mâles et femelles sur des pieds différents. Il atteint jusqu'à 100 ans d'âge et est très répandu dans l'Afrique du Nord depuis les Canaries et en Asie jusqu'à l'Euphrate. Les oasis du Sahara doivent leur verdure aux Dattiers dont les racines profondes descendent jusqu'à la nappe d'eau souterraine qu'indique leur présence. Cet arbre est souvent l'unique ressource des habitants du Nord de l'Afrique ; ses fruits servent de nourriture non seulement aux hommes, mais encore aux chevaux et aux chameaux. Avec son bois, on construit des habitations recouvertes avec son feuillage ; ce bois sert de combustible. Aussi l'on comprend que cet arbre ait été l'objet d'une vénération particulière depuis des temps très reculés.

Catholiques et israélites emploient de longue date ses rameaux (feuilles) aux fêtes de Pâques, usage pour lequel la Côte d'azur en expédie chaque année des quantités énormes vers les pays du Nord. Autour de la ville d'Elche, dans la province d'Alicante, en Espagne, s'élève une forêt de 70 à 80.000 de ces Palmiers, cultivés surtout en vue des feuilles pour les processions du dimanche des Rameaux.

Les dattes forment des agglomérations appelées *régimes ;* ceux-ci renferment souvent 100 dattes et plus. Le gros arbre à gauche de la pl. 23 montre plusieurs de ces régimes pendant au-dessous des feuilles.

L'Algérie et surtout la Tunisie exportent des quantités considérables de dattes qui pour l'Européen ne sont qu'une friandise. Cette quantité a atteint près de 4 millions de kilos en 1898 pour la Tunisie seulement, sur une production de 23 millions de kilos dont la plus grande partie reste dans le pays pour la consommation locale.

C'est, après les olives, la plus importante production de la Tunisie qui compte 1 million 1/2 de ces arbres.

**Palmiers dattiers.** — Phœnix dactylifera.

— Palmiers. —

## Fruits alimentaires.

**Vanillier.**

Vanilla planifolia.

— Orchidées. —

## VANILLIER.

Plante grimpante vivace, à tige épaisse d'environ 1 centimètre, atteignant plusieurs mètres de longueur, garnie de feuilles charnues, à la base desquelles naissent des racines adventives à l'aide desquelles elle s'attache aux arbres qui lui servent de support. Cette liane est indigène dans la partie chaude du Mexique et y fait l'objet de cultures anciennes et importantes ; celles de la Réunion remontent à 80 ans et y occupent une place encore plus considérable. On la cultive avec succès également à Java, à l'île Maurice, sur la côte orientale de l'Afrique, etc.

La culture se fait soit sur des arbres d'abri, soit en espalier. Au Mexique, la fécondation des fleurs est opérée par des insectes ; ailleurs, à défaut de ces mêmes insectes, il faut la pratiquer artificiellement en mettant l'anthère qui contient le pollen en contact avec le stigmate, organe surmontant l'ovaire. Cette opération se fait à l'aide d'une baguette ; une ouvrière habile arrive dans une matinée à la pratiquer sur 1.000 fleurs et au delà.

Les fruits, des gousses *vertes* de 12 à 25 centimètres de longueur, sont formés un mois après la fécondation, mais il leur faut encore 6 à 7 mois pour mûrir. On les cueille dès qu'ils commencent à jaunir, puis on les plonge dans de l'eau presque bouillante pendant quelques secondes, ce qui leur donne une coloration brun-noirâtre et contribue à développer l'arome assez faible dans les gousses vertes. Ensuite on procède au séchage, opération qui exige des soins multiples, et finalement on emballe dans de grandes boîtes en fer blanc, soudées pour éviter tout contact avec l'extérieur.

Au bout d'un temps assez long, les gousses se couvrent d'une sorte de givre blanc. C'est de la *Vanilline*, base de l'arome de ces fruits qui se forme à l'extérieur sous forme de cristaux fins et allongés ; la présence de nombreux cristaux est un indice de bonne qualité. La Vanille du Mexique, la plus estimée, ne forme ce givre souvent qu'après trois ou quatre années.

Voir partie II la statistique.

## GIROFLIER.

Arbre de 8 à 12 mètres de hauteur, toujours vert, à grandes feuilles coriaces, originaire, croit-on, des Moluques et des Philippines du Sud, répandu aujourd'hui par la culture aux îles d'Amboine, en Malaisie, à Nossi-Bé, à Sainte-Marie de Madagascar, à la Réunion, mais surtout aux deux îles voisines de Zanzibar et de Pemba en Afrique.

Le *clou de girofle* est la fleur non encore épanouie, récoltée avant la chute de la corolle qui persiste au-dessus du calice et forme la tête du clou dont l'ovaire est la tige. La *griffe* ou queue, produit très inférieur, est la tige de la fleur.

La cueillette se fait deux fois par an; autrefois on battait les branches avec des gaules, ce qui nuisait à l'arbre; on le maintient maintenant à 5 mètres de hauteur pour pouvoir faire la récolte à la main sur des échelles. Il n'y a plus ensuite qu'à sécher et à emballer.

Les clous de girofle constituent la matière la plus riche en essence qui soit connue; le rendement en varie entre 18 et 20 %. Cette essence trouve des emplois en parfumerie et en pharmacie, les clous dans des préparations culinaires; les griffes sont vendues moulues ou bien distillées. On connaissait les clous de girofle en Europe déjà au XIIIe siècle, mais ils étaient rares et chers. Les Portugais puis les Hollandais, possesseurs successifs des Moluques, en eurent longtemps le monopole, jusqu'à ce qu'un Français, Poivre, parvînt à en introduire la culture aux îles Bourbon et Maurice, d'où elle se répandit ailleurs.

Zanzibar et Pemba produisaient entre 6 et 8 millions de kilos de clous de girofle par an, mais de qualité médiocre; aussi les prix ayant baissé, leur production a-t-elle décliné sensiblement depuis plusieurs années. La provenance la plus estimée est celle d'Amboine.

Voir partie II la statistique commerciale.

Boutons (des fleurs) alimentaires.

**Giroflier.**

Caryophyllus aromaticus.

— Myrtacées. —

## ANANAS (Broméliacées).

Plante vivace formant une rosette dense de 30 à 50 feuilles élancées d'environ 1 mètre de longueur sur quelques centimètres de largeur, bordées d'aiguillons crochus ; du centre de cette rosette émerge une hampe dressée, feuillue, à fleurs violettes, formant ensuite un fruit aggloméré, charnu, jaune en mûrissant.

L'Ananas est originaire de l'Amérique tropicale ; au Brésil, il s'appelait *Nanas* transformé par les Portugais en *Ananas*, nom adopté partout, sauf par les Anglais qui appellent le fruit *Pine-apple* à cause de sa ressemblance avec une pomme de pin.

Très répandu dans tous les pays chauds, on le cultive aussi en Europe, mais en serre seulement. La reproduction se fait par les rejets formés autour du pied-mère après la fructification ; les graines se développent rarement.

Les Ananas sont l'objet d'importantes cultures en Floride, aux Antilles (Cuba, Jamaïque, Martinique, Guadeloupe), surtout aux îles Bahama qui exportent 7 à 8 millions de ces fruits par an. Une grande partie arrive en Europe sous forme de conserves ; mais, grâce à la rapidité des paquebots modernes, ces fruits peuvent maintenant être importés à l'état frais. Une seule difficulté se présente, c'est l'emballage. Trop mûrs, les fruits ne se conserveront pas ; entassés, ils arriveront meurtris. Il faut donc employer des caisses faites de lattes espacées, à compartiments nombreux, autant que possible un par fruit. C'est ce qui se pratique à Madère, aux Canaries et aux Açores pour les envois destinés aux pays septentrionaux.

Les feuilles d'Ananas contiennent une fibre textile sur la valeur de laquelle on n'est pas encore bien d'accord.

## MANDARINIER.

Petit arbre de 3 à 4 mètres de hauteur, à rameaux garnis de longues épines grêles, plus fines que celles de l'Oranger, et à feuilles plus petites et plus allongées que celles de ce dernier. Ces feuilles luisantes, d'un vert clair, répandent une odeur forte et pénétrante quand on les froisse.

Originaire de la Cochinchine, le Mandarinier a été introduit en Ligurie il y a une cinquantaine d'années et s'est rapidement répandu de là sur toute la Côte d'azur, en Provence, non moins qu'en Tunisie et en Algérie où Blidah s'en est fait une spécialité. Résistant mieux que l'Oranger aux influences du froid, d'une croissance plus rapide et d'un rapport plus régulier, le Mandarinier a sur celui-ci le désavantage d'une longévité moindre. Les fruits aplatis ont une peau lisse ou chagrinée n'adhérant que peu à la pulpe, et un goût et un parfum délicieux qui les font rechercher de plus en plus. En Chine et au Japon il existe une variété de Mandarine sans pépins que l'on cherche à acclimater chez nous.

Nos importations ont été de 3 1/2 millions de kilos en 1899 dont les 4/5 pour la consommation. L'Espagne en a fourni plus de 2 millions de kilos, l'Algérie au delà de 1/2, l'Italie et la Tunisie le reste. Dans ces chiffres la douane comprend les *Chinois*, fruits du *Bigaradier chinois*, arbrisseau cultivé en Ligurie et qui ne sont comestibles que confits.

Notre consommation d'oranges et de citrons importés atteint dans la même année le chiffre respectable de 75 millions de kilos, dont 66 d'Espagne, 4 d'Algérie et 3 1/2 d'Italie. Notre production dans les Alpes-Maritimes, la Corse et le Var a été de près de 5 millions de kilos.

**Fruits alimentaires.**

**Mandarinier.**

*Citrus nobilis.*

— Rutacées. —

## CAROUBIER.

*Sur la planche rectifier* Silquosa *en* Siliqua.

Arbre à feuillage touffu, toujours vert, de 5 à 10 mètres de hauteur quelquefois au delà, à écorce lisse comme celle du hêtre, à fleurs verdâtres petites et très nombreuses (mâles et femelles sur des pieds différents), réunies en grappe allongée. Le fruit, une gousse aplatie, épaisse et coriace, de 12 à 20 centimètres de longueur sur 2 de largeur, d'abord vert, presque noir à la maturité, renferme 10 à 14 graines plates.

Originaire de la Syrie, le Caroubier a été répandu par les Grecs et surtout les Arabes dans tout le Bassin méditerranéen dont il est devenu un des arbres les plus caractéristiques.

Ses fruits, *Caroubes, Carrobes* ou *Carouges,* sont comestibles et volontiers mangés par nos enfants; Saint Jean-Baptiste en aurait vécu dans le désert; de là le nom allemand de *Johannisbrod.* Ils forment une partie de la nourriture des populations pauvres de l'Orient et de l'Afrique du Nord et servent particulièrement à l'alimentation des chevaux et du bétail. Les rongeurs en sont très friands; aussi entoure-t-on ces arbres dans le Midi d'un faux-col en fer blanc pour les empêcher d'y monter. Un arbre rapp rte entre 100 et 1.000 kilos de fruits par an. L'Algérie, notamment la région de Bougie, en produit des quantités considérables. L'île de Chypre en exporte annuellement plus de 22 millions de kilos.

En 1899 il a été importé en France 16 millions de kilos de ces fruits, dont 13 d'Espagne, de Turquie, d'Italie et de Grèce, et près de 3 d'Algérie.

Les graines, plates et dures, assez régulières, servaient autrefois de poids aux joailliers et pharmaciens sous le nom de *Carat,* mot qui est resté et sert encore aujourd'hui à désigner le poids des diamants. Un carat équivaut à 205 milligrammes, ce qui correspond effectivement à une de ces graines.

## BADIANIER.

Arbre d'environ 12 mètres de hauteur, à tige droite comme celle d'un peuplier, indigène en Chine d'où il s'est répandu en Indo-Chine.

Dans la région montagneuse de l'Annam où il porte le nom de *Qua-Hoï*, on pratique sa culture en semant des graines dans un terrain bien fumé ; au bout de 2-3 ans, on transplante le jeune arbre qui jusqu'à dix ans ne pousse que lentement et ne produit que peu, mais dont la croissance et le rendement augmentent alors rapidement. On peut l'exploiter pendant une quarantaine d'années.

Les fruits, divisés en 8 branches (pl. 29, fig. *b*), renferment 8 graines appelées *Anis étoilé*, d'après la forme de ces fruits. On les cueille à la main avant qu'ils ne soient complètement mûrs. Un arbre en plein rapport (à 20-25 ans) peut en fournir environ 4.000. Placés sur des claies au-dessus d'un feu lent et agités continuellement, ils sont secs au bout de vingt-quatre heures et peuvent être transportés.

Ces fruits, à forte odeur d'anis, sont employés en médecine, mais ils sont principalement distillés ; l'essence obtenue sert à aromatiser certaines liqueurs. Cette essence, à odeur beaucoup plus forte que celle d'anis, entre dans la composition de l'Anisette, de l'Absinthe, de la Chartreuse, etc. On s'en sert aussi dans la fabrication des parfums et des savons.

Les Chinois se servent des fleurs du Badianier, ainsi que d'autres du reste, pour parfumer leur thé vert.

Le Tonkin exporte annuellement environ 80.000 kilos de ce produit distillé sur place. Il représente une valeur d'environ 2 millions de francs. La France en a importé 24.000 kilos en 1899 ; l'Allemagne, qui tire cette essence de la Chine, en consomme environ 27.000 kilos par an.

Graines alimentaires.

**Badianier.**

Illicium anisatum.

— MAGNOLIACÉES. —

## TABAC.

*Nicotiana Tabacum* (Solanacées).

L'histoire du Tabac est trop connue pour avoir besoin d'être reprise ici. Inconnu dans l'ancien monde avant la découverte de l'Amérique d'où cette plante a été importée, sa culture est répandue aujourd'hui sur tout le globe, surtout entre 50° au nord et 40° au sud de l'Équateur. En Europe, elle est cultivée à peu près partout, sauf dans la Grande-Bretagne où la défend un édit du Parlement datant de 1652 et encore en vigueur aujourd'hui. Jusque dans ces dernières années, cette défense existait aussi en Espagne, quoique les conditions du climat et du sol y soient favorables à sa culture.

Bien que le Tabac puisse s'accommoder de climats et de terrains assez différents, il ne donne des feuilles de bonne qualité que dans un sol profond, ni trop sec ni trop humide, riche en humus ou bien fumé. Comme pour le vin, la qualité dépend avant tout du sol.

En France, les cultivateurs soumis à des entraves multiples s'attachent en général à produire la quantité plutôt que la qualité ; aussi nos tabacs indigènes qui manquent d'arome, ont-ils besoin d'être mélangés à d'autres sortes étrangères, notamment avec du Kentucky et du Maryland qui, à eux seuls, forment près des trois quarts des Tabacs étrangers importés chez nous.

Dans notre *Caporal ordinaire* il y a actuellement environ 3/5, dans le *Caporal supérieur* 2/3 seulement de tabac indigène, le reste est, en proportions variables, du Kentucky, du Maryland et un peu de tabac du Levant. Ces proportions ont souvent été changées.

On trouvera partie II le détail de la production du tabac dans les principaux pays ; l'ensemble en est estimé à mille millions de kilos.

Presque tous les États trouvent une importante source de

revenus dans ce produit, soit qu'ils l'exploitent en monopole comme la France, l'Italie, l'Autriche-Hongrie, le Portugal, la Roumanie, la Serbie, la Turquie, soit qu'ils le frappent d'impôts de fabrication ou de culture, ou aussi de droits d'entrée souvent énormes, comme on peut en juger par le tableau des tarifs de douane des principaux pays. (Voir à la fin du volume.)

On trouvera dans *Siélain,* Atlas de poche des plantes des champs, Série III (même collection que notre volume), une planche coloriée de la plante fleurie.

## FIGUIER DE BARBARIE.

Plante ligneuse — comme presque toutes les Cactées — à tige élevée, rameuse, de 3 à 4 mètres de hauteur, à *articles* (tige et rameaux) épais, elliptiques, longs de 30 à 45 centimètres et semblables à des raquettes, pourvus ou dépourvus d'aiguillons suivant les variétés. Les fleurs jaunes ont de 5 à 6 centimètres de diamètre; les fruits, de la grosseur et forme d'un œuf de poule, d'abord vert-jaunâtre, prennent la couleur abricot à la maturité.

Cette espèce, de même que toutes les Cactées sauf une exception, est d'origine américaine; elle est indigène au Mexique d'où la culture l'a répandue dans une grande partie du bassin méditerranéen, où son fruit est connu sous les noms de *Figue de Barbarie, Figue d'Inde* ou *Figue d'Espagne.* Au Mexique, ce fruit est l'objet d'une grande consommation, ainsi qu'en Algérie où la classe pauvre y trouve, pendant plusieurs mois de l'année, un aliment abondant vendu à vil prix. A Naples, en Sicile on l'estime beaucoup, et Palerme en fait une exportation considérable ; les fruits sont exportés soit frais, soit séchés ou conservés.

Il faut avoir soin de ne pas toucher avec les doigts à ces figues pour les manger, et d'enlever d'abord, à l'aide d'une

**Figuier de Barbarie.** — Opuntia Ficus indica.

— Cactées. —

Écorce alimentaire.

**Arbre à Quinquina.**

Cinchona officinalis.

— RUBIACÉES. —

fourchette et d'un couteau, la peau couverte de touffes de poils aussi fins que désagréables.

Ces Opuntia peuvent encore servir à former des haies impénétrables, ainsi que — d'après une expérience récente — de protection contre les incendies des forêts, car ils sont incombustibles, grâce à la quantité d'eau accumulée dans leur tissu. L'incendie est arrêté quand, dans ses ravages, il rencontre une barrière composée de ces plantes, dont la vitalité est si grande que, même atteintes par le feu, elles repoussent au bout de peu de jours.

## 32-33. — ARBRES A QUINQUINA.

Les *Cinchona*, dont la planche 32 représente une des 30 à 40 espèces connues, sont des arbres toujours verts, indigènes dans l'Amérique du Sud où ils ne dépassent pas le 10° latitude Nord et le 19° latitude Sud ; l'espèce figurée se retrouve, quoique rabougrie, jusqu'à 3.300 mètres, mais en général ces arbres ne se rencontrent qu'entre 1.600 et 2.400 mètres d'altitude.

Un vice-roi du Pérou, le comte *del Chinchon*, fit connaître le premier à l'Europe, en 1640, ce remède merveilleux constitué par l'écorce qui porte son nom, dont en 1820 les chimistes français *Pelletier* et *Caventou*, les premiers, ont extrait la quinine, ce produit si universellement employé aujourd'hui comme fébrifuge. Ce n'est que quatre-vingts ans après leur mémorable découverte qu'un monument a été érigé à ces deux savants, non loin de l'École de Pharmacie où professaient ces bienfaiteurs de l'humanité.

La découverte de ces arbres en Amérique fut bientôt suivie de leur destruction presque complète. On les abattit en masse, ce qui, il y a une quarantaine d'années, amena les Hollandais et les Anglais à en créer des plantations à Java, à Ceylan et aux Indes.

Après de longs essais pratiqués avec différentes espèces, les Anglais s'arrêtèrent aux *Cinchona officinalis* et *succirubra*, tandis que les Hollandais donnèrent finalement la préférence à ce dernier et surtout au *Cinchona Calisaya*, variété *Ledgeriana*. L'écorce du *Ledgeriana* renferme la plus forte proportion de quinine : jusqu'à 10 et même 11 °/₀ ; le *succirubra* donne environ 5 °/₀ et une quantité considérable d'écorce.

Depuis l'adoption de ces deux principales espèces dans les cultures de Java, la production de cette île a augmenté considérablement, tandis que les exportations de l'Inde, de Ceylan et de l'Amérique du Sud ont subi une baisse.

Les arbres se multiplient au moyen de graines provenant des individus les plus riches ou bien par greffe. Généralement les arbres sont abattus et déracinés pour être écorcés avec leurs racines, opération qui se fait aussi sur des sujets vivants qu'on enveloppe ensuite de mousse. Il se reforme alors successivement des couches nouvelles d'écorce, plus riches encore en quinine que la première.

Les écorces destinées aux pharmaciens sont conservées entières sous forme de gros tuyaux ; pour la fabrication de la quinine, on les pulvérise et on emballe la poudre dans des sacs.

Le principal marché de quinquina, autrefois Londres, est aujourd'hui Amsterdam, où des magasins spéciaux et bien organisés permettent à l'acheteur de voir et examiner de près la qualité de la marchandise offerte, dont les sophistications sont nombreuses. Quantité de sortes sont à peu près inefficaces.

En dehors des usages médicinaux, le quinquina sert encore à préparer des vins fortifiants et des apéritifs bien connus ; souvent ce sont des écorces de faible teneur en quinine qu'on emploie à ces préparations « toniques ».

**Plantation de Quinquina.** (Indes néerlandaises.)

**Feuilles alimentaires.**

**Coca.**

Erythroxylon Coca.

— LINÉES. —

## COCALIER.

Arbrisseau de 2 à 3 mètres de hauteur, très ramifié, et couvert de feuilles caduques de dimensions variables; un de leurs caractères les plus saillants, que notre figure coloriée n'a pu mettre en relief, c'est la disposition des nervures : de chaque côté de la nervure centrale ou prolongement du pétiole s'en trouve une autre parallèle et assez saillante, décrivant une légère courbe.

Indigène au Pérou et en Bolivie, le Cocalier s'est répandu de là en Colombie, au Vénézuéla, au Brésil, à l'Équateur et au Chili. Au Pérou, les indigènes mâchaient ses feuilles déjà avant la conquête espagnole, mais en Europe leur emploi ne s'est répandu que depuis une trentaine d'années.

Ces feuilles, stomachiques, calmantes et nutritives, renferment un alcaloïde, la *Cocaïne,* anesthésique puissant, fréquemment employé en médecine. Elles servent encore à préparer des vins toniques, très en vogue actuellement et que la réclame a fait connaître partout.

La récolte en feuilles de Coca de Bolivie, plus petites et moins riches en cocaïne, mais d'un arome plus fin que celles du Pérou, était estimée en 1887 à près de 3 millions et demi de kilos, celle du Pérou au double, quantités desquelles 500.000 kilos ont été exportés en Europe et aux États-Unis.

Depuis cette date, la consommation a dû augmenter, mais des chiffres ne nous sont pas connus. On a essayé la culture du Cocalier aux Indes, aux Antilles, etc., avec plus ou moins de succès.

La première récolte se fait 18 mois après la plantation; un arbrisseau rapporte pendant quatre ans. La cueillette des feuilles demande certaines précautions.

## COLATIER.

Arbre de 10 à 18 mètres de hauteur sur environ 50 centimètres de diamètre, à longues et fortes branches, un peu pendantes, spontané dans la région des forêts de l'Afrique occidentale tropicale, entre 10° au Nord et 5 au Sud de l'équateur, cultivé sur plusieurs points de la côte à Libéria, Sierra Leone, à l'île San Thomé, etc.

Les fruits de cet arbre (pl. 35, fig. *c* réduite au 1/10) sont à 5 divisions dont chacune (fig. *b* réduite au 1/5) renferme 6 à 8 graines appelées *noix de Cola* (on écrit aussi *Kola*, mais les noms indigènes sont *Gourou* et *Oro*) de la grosseur d'un petit marron (fig. *a* réduite de moitié) et qui, dans le même fruit, peuvent être rouges ou blanc-jaunâtre. Chacune de ces noix pèse environ 30 grammes. Depuis des siècles, les nègres les recherchent avec avidité et les mâchent fraîches pour soutenir leurs forces et calmer la faim; d'après eux, elles rendraient potable l'eau la plus impropre.

La Cola contient plus de caféine que le café, de la théobromine (principes du café et du cacao), du glucose, du tanin et une proportion de fécule trois fois supérieure à celle renfermée dans le cacao, tout en contenant moins de matières grasses que ce dernier. C'est donc à la fois un stimulant et une matière alimentaire, ce qui explique ses emplois comme succédané du café, du thé, du cacao, ainsi qu'en médecine.

Il se fait en Afrique un grand commerce de noix de Cola, recherchées non seulement par les Noirs, mais encore par les Berbères et les Arabes. Elles servent souvent comme article d'échange contre de l'ivoire, du caoutchouc, etc.

La consommation des produits préparés à la Cola (vins, chocolats, biscuits, etc.) augmentant sans cesse, on a essayé la culture de cet arbre sur d'autres points du globe, notamment aux Antilles et dans l'Inde. L'Allemagne tire une certaine quantité de noix de Cameroun et cherche à en augmenter la production dans ses colonies africaines.

**Colatier.**

Cola acuminata.

— STERCULIACÉES. —

Racine employée en pharmacie.

**Ipéca.**

Cephælis Ipecacuanha.

— Rubiacées. —

## IPÉCA ou IPÉCACUANHA.

Plante vivace, haute de 30 centimètres, ne portant que 4 à 8 feuilles, à fleurs petites (pl. 36, fig. *b*) produisant de petites baies lisses (fig. *a*) renfermant deux graines. La tige souterraine donne naissance à des racines dont le caractère essentiel est d'être entrecoupées, à des espaces très rapprochés, de sortes d'étranglements circulaires dans l'intervalle desquels l'écorce, acquérant beaucoup d'épaisseur, se relève en espèces d'anneaux très saillants. Un dessin eut mieux fait comprendre ces détails que cette longue explication. Dans une nouvelle édition, cette omission sera réparée.

L'Ipécacuanha, nom portugais adopté partout, est indigène au Brésil et y pousse en forêt habituellement par touffes que les *poayeros* ou arracheurs d'Ipeca *(Poaya)* soulèvent à l'aide d'un bâton pour récolter les racines. Cette récolte peut atteindre 5 à 6 kilos dans une journée, mais elle diminue de moitié par la dessiccation qui se fait au soleil.

Cette racine cassante, à saveur âcre et amère, à odeur nauséabonde, est le vomitif par excellence depuis une centaine d'années qu'elle est bien connue. On l'administre principalement sous forme de poudre délayée dans de l'eau. Le principe actif est beaucoup plus abondant dans l'écorce que dans l'intérieur ligneux qui doit être rejeté.

Il y a de nombreux faux Ipécacuanha. Le *Codex* ne reconnaît que l'espèce représentée par notre planche et qui devient de plus en plus rare et chère.

## CAMPHRIER.

Arbre de 18 à 30 mètres de hauteur, à feuilles persistantes, lisses et brillantes, à fleurs petites (pl. 37, fig. *c*, agrandie, à côté une étamine très grossie) apparaissant de février en avril et fruits à une graine, formés en octobre (fig. *a*).

Indigène en Chine, en Cochinchine, au Japon, aux îles Formose et Haïnan, le Camphrier a été répandu dans les cultures en Europe depuis 1727, aux Indes depuis 1805, en Amérique, etc., mais surtout au point de vue ornemental.

Le bois de cet arbre fournit par distillation le produit cristallisé d'une odeur forte et très particulière, le Camphre, que tout le monde connaît; il est obtenu à peu près uniquement dans ses pays d'origine.

Les emplois du camphre furent longtemps réduits à la médecine, à la fabrication de certaines liqueurs comme celle de Raspail, ainsi que pour protéger nos vêtements et lainages contre les insectes. Au Japon, il entre dans la composition des laques et chez nous dans celle du savon. Une industrie moderne, celle du Celluloïd, en emploie des quantités de plus en plus considérables pour les nombreux objets qu'on en fabrique.

La production de Formose, très importante autrefois, a baissé depuis que les Japonais, il y a quelques années, ont conquis cette île; actuellement c'est le Japon qui en fournit la plus grande quantité.

En 1899 nos importations se sont élevées à 658.000 kilos de camphre brut, dont 404.000 du Japon, sur lesquels 612.000 sont entrés dans la consommation. L'Allemagne en importe à peine autant et le tire principalement de la Chine.

**Produit alimentaire obtenu du bois.**

**Camphrier.**

Cinnomomum Camphora.

— LAURACÉES. —

Produit pharmaceutique obtenu du bois.

**Baume de Tolu.**

Toluifera Balsamum.

— Légumineuses. —

## BAUMIER DE TOLU.

Arbre de 20 à 25 mètres de hauteur, ne se ramifiant qu'au dessus de 13 à 20 mètres, répandu dans la partie septentrionale de l'Amérique du Sud, surtout en Colombie dans la région du Rio Magdalena où la ville de Tolu, port situé non loin de l'isthme de Panama, a donné son nom au produit dont elle exporte des quantités considérables.

Le Baume qui coule naturellement de l'arbre est recueilli sur de grandes feuilles de diverses plantes. Plus souvent encore on entaille le tronc à une vingtaine d'endroits différents, pour provoquer l'écoulement de la matière semi-liquide, tenace et glutineuse, qui est recueillie dans des calebasses fixées au tronc. A l'aide d'échafaudages on poursuit jusque vers le sommet cette opération qui dure huit mois et est épuisante pour l'arbre. Les calebasses sont ensuite vidées dans des outres, transportées à dos d'âne jusqu'au port fluviatile le plus proche, où on les transvase dans des boîtes en fer blanc ou dans des pots dans lesquels on les dirige vers les ports de mer pour l'exportation.

Le Baume de Tolu d'abord liquide finit par se solidifier et devient même friable ; il se ramollit facilement à la chaleur, est soluble dans l'alcool et l'éther et répand en brûlant une odeur agréable.

On l'emploie fréquemment en médecine, comme stimulant, balsamique et diurétique. La parfumerie s'en sert également. En 1880 le port de Sabanilla, en Colombie, en a exporté pour plus de 40.000 kilos.

Les fig. *a* et *b* de la pl. 38 représentent en demi grandeur naturelle un fruit et une graine, *c* une fleur isolée un peu grossie.

Le **Baume du Pérou**, obtenu du *Toluifera Pereirae,* trouve les mêmes emplois ; il existe dans l'Amérique méridionale et centrale, mais n'est exploité que dans la République de San Salvador qui en exporte environ 25.000 kilos par an.

## SÉNÉ.

Arbrisseau de 1/2 mètre de hauteur répandu dans la Haute-Égypte depuis Assouan jusqu'au Sennaar, au delà de Kartoum.

Ses feuilles ou plutôt ses folioles (dont dix sur une même petite tige composent une feuille), employées en médecine, sont un remède populaire très usité comme purgatif énergique, quoique sa saveur soit amère, désagréable, et qu'il peut troubler la digestion. C'est un médicament très anciennement connu, introduit dans la matière médicale par les Arabes au IXe siècle, et qui a joui, surtout autrefois, d'une vogue extraordinaire.

Le nom de Séné viendrait de Sennaar, pays au sud de Kartoum où l'on récolte ces feuilles.

A côté de cette espèce désignée sous les noms de *Séné de la Palthe, Séné d'Égypte* ou d'*Alexandrie,* on emploie les folioles du *Cassia angustifolia* ou **Séné Tinnevelly**, arbrisseau de 60 à 80 centimètres, répandu le long de la côte orientale d'Afrique depuis le pays des Somalis jusqu'en Mozambique, sur les côtes et dans les îles de la Mer Rouge et très commun en Arabie ; on cultive cet arbrisseau au sud de l'Inde, dans une contrée appelée Tinnevelly qui lui a donné son nom.

Cette culture et la récolte y sont faites avec grand soin, aussi les exportations vers Bombay et l'Europe ont-elles augmenté au détriment de l'espèce d'Égypte trop souvent impure.

Les belles folioles du Tinnevelly ont 6 centimètres de long sur 2 de large, le double de celles du Séné d'Égypte ; leur odeur rappelle celle du Thé.

Une troisième sorte, le **Séné d'Arabie** est obtenu d'une variété de *Cassia acutifolia* apportée par des caravanes de La Mecque à Djeddah d'où on les embarque au loin.

Il ne faut pas confondre Séné et Casse ; ce sont des plantes

**Séné.**

Cassia acutifolia.

— Légumineuses. —

Cueillette des olives en Provence.

différentes quoique du même genre. La **Casse** *(Cassia fistula)* a des gousses de 40 à 60 centimètres de long dont la pulpe est purgative mais peu employée. Les fruits du Séné (pl. 39) ne dépassent guère 4 centimètres.

## 40. — OLIVIER.

Arbre de dimensions très variables, mais ne dépassant pas en général 8 à 10 mètres de hauteur; sa croissance est lente, sa longévité très grande, car on en cite de 500 à 600 ans et plus.

« C'est l'arbre des rives méditerranéennes, dit le Docteur Trabut (1), dont l'histoire se lie aux anciennes civilisations qui ont surgi et s'y sont éteintes depuis trente siècles. En Grèce, l'Olivier était l'arbre de la Paix, mais ce sont les Romains qui ont su donner à la culture de l'Olivier une extension considérable vers l'Ouest, et pendant les siècles de leur domination, le Nord de l'Afrique se couvrait d'Olivettes. »

Il a disparu beaucoup de ces Olivettes depuis les Romains, surtout en Tunisie, mais il en a été replanté depuis que la France a mis ce pays sous son protectorat. *Voir* partie II.

L'Algérie produit aussi de l'huile d'Olive, et ne peut suffire à ses propres besoins ; elle est obligée d'importer encore d'autres huiles comestibles.

Actuellement, on s'occupe beaucoup à multiplier les plantations d'Oliviers en Californie où il existe déjà 2 millions 1/2 de ces arbres ; au Mexique et dans l'Uruguay, leur culture commence également à prendre de l'importance.

L'huile d'Olive, obtenue par écrasement et expression des fruits, est la plus estimée pour la table ; surtout *l'huile vierge* fournie par les Olives non encore mûres.

On s'en sert encore en savonnerie, en parfumerie, en pharmacie, etc.

1. *Trabut*, l'Olivier en Algérie. 1900, brochure de 80 pages avec figures. Chez Paul Klincksieck. Prix : 3 francs.

Les Olives fraîches et l'huile ne sont pas les seuls produits de l'arbre. Les grignons ou déchets des fruits après l'extraction de l'huile, encore riches en matières grasses, conviennent à la nourriture des animaux, surtout des porcs. On les mélange seulement avec un peu de maïs. En Tunisie, ces grignons servent à faire un savon très estimé.

Les feuilles peuvent servir de nourriture au bétail quand d'autres fourrages manquent. Enfin le bois très dur sert à faire des manches, des cannes et de menus objets de tabletterie, tels que coffrets, cadres, porte-plume, boutons, etc.

## 41-42. — ARACHIDE.

Plante annuelle, touffue, de 30 à 40 centimètres de hauteur, à fleurs (pl. 41, fig. *a*) groupées par deux sur des tiges dressées ou couchées ; celles des premières avortent ; la fructification des autres est très curieuse : après la fécondation, les enveloppes florales et les étamines tombent, ne laissant que l'ovaire sur son pédoncule qui s'allonge de 5 à 20 centimètres et se dirige vers le sol dans lequel il fait pénétrer l'ovaire fécondé ; ce n'est qu'arrivé à quelques centimètres de profondeur que celui-ci commence à grossir pour former une gousse de 3 à 5 centimètres (fig. *c*) renfermant généralement une, rarement deux graines ou plus (fig. *b*).

Cette gousse, bien connue depuis quelques années du public auquel on vient l'offrir à la terrasse des cafés et brasseries sous le nom de *Cacaouettes* (en anglais *Monkey-nuts*), est ridée, étranglée entre les graines, jaune grisâtre quand elle est mûre ; ses graines fraiches rappellent la saveur du haricot vert, grillées, un peu celle de la noisette.

On admet que l'Arachide est originaire du Brésil, où cependant on ne connait pas la plante à l'état sauvage, mais on en a trouvé des graines dans d'anciens tombeaux péruviens ; toutes les autres espèces du même genre sont, du reste, amécaines, et avant la découverte du Nouveau Monde la plante était inconnue en Europe.

D'Amérique, elle se serait répandue en Afrique (ni les an-

Fruits oléagineux.

**Arachide.**

Arachis hypogæa.

— Légumineuses. —

ciens Egyptiens, ni les Arabes ne l'y ont connue) depuis un temps peu reculé et seulement par la culture. D'Afrique, la plante a été introduite dans l'Inde du Sud et à Bombay; notre colonie de Pondichéry a longtemps fait la jalousie de ses voisins anglais pour l'importance qu'elle y avait acquise sous ce rapport il y a 25 ans ; mais ceux-ci se sont rattrapés depuis. Un pays nouveau pour cette culture, la République Argentine, produit déjà 23 millions de kilos pour sa propre consommation en attendant qu'elle en exporte.

La culture de l'Arachide est facile. Au Sénégal, le plus fort pays producteur, on sème un peu avant la saison des pluies dans un sol fertilisé par les mauvaises herbes qu'on y a brûlées et que les femmes et les enfants bêchent à une faible profondeur. La récolte a lieu par arrachage vers la fin de la période sèche qui suit; on met en tas et laisse sécher au soleil; les feuilles et tiges sèches servent de fourrage après en avoir retiré les fruits.

Les graines ont une valeur nutritive considérable et constituent une partie de l'alimentation des indigènes au Sénégal.

L'importance pour le commerce européen réside dans la forte proportion d'huile (30 à 55 °/₀) qui y est contenue et que l'on retire par expression. Extraite à froid, cette huile est comestible et sert aux usages culinaires; obtenue par l'intervention de la chaleur, son goût et son odeur deviennent désagréables; on l'emploie dans ce cas à la fabrication des savons, dont Marseille qui importe d'énormes quantités d'Arachides, s'est fait une réputation. Les tourteaux ou déchets laissés par la fabrication de ces huiles servent de nourriture aux bestiaux qui ne les acceptent que quand ils n'ont pas de goût rance, autrement on n'en peut faire que de l'engrais.

L'huile d'Arachide comestible sert souvent à falsifier celle d'Olive, moins limpide, mais elle l'est de son côté avec les huiles de coton, fraudes assez difficiles à reconnaître.

Voir partie II la statistique.

## COCOTIER.

Palmier de 20 à 25 mètres de hauteur répandu dans toutes les régions chaudes des contrées tropicales, souvent cultivé. On le trouve en très grande abondance dans le voisinage de la mer, surtout à Ceylan et à Java, où le nombre de Cocotiers est évalué à 60 millions pour la première et à 70 millions pour la deuxième de ces îles. La fortune d'un indigène est fréquemment estimée d'après le nombre qu'il possède de ces arbres, l'un des plus utiles de la grande famille des Palmiers.

La mer assure au Cocotier un moyen de dispersion tout particulier. Grâce à l'enduit céreux et imperméable qui recouvre le fruit et à l'abondante matière fibreuse très légère qui entoure son noyau dur et lourd, ce fruit nage très bien et se laisse entraîner au loin par les courants. Rejeté sur les côtes, il ne tarde pas à germer et à s'enraciner pour couvrir parfois après des îles entières.

Ce fruit, de forme presque triangulaire, la *Noix de Coco,* seul nous intéresse ici. En le débarrassant de son enveloppe extérieure lisse, se ridant à la maturité, on rencontre d'abord une couche de matière brune, épaisse de 3 à 5 centimètres, composée de longues fibres plus ou moins fines; puis une deuxième enveloppe dure ayant 5 à 10 millimètres d'épaisseur à laquelle est soudée la graine et qui contient un liquide abondant, laiteux, acidulé-doux, très rafraîchissant. A mesure que le fruit mûrit, ce liquide se raffermit et durcit pour devenir cette belle chair blanche, petite friandise bien connue de nos enfants. Voir la planche 100.

La fibre dont il vient d'être question est appelée *Coïr* aux Indes; elle sert à faire des cordages solides et légers, indestructibles à l'eau, des sacs à charbon, des nattes et ces tapis-brosses si fermes et si durables que l'on place au bas des escaliers et à l'entrée des portes. Voir partie II.

La chair blanche, qui rancit et brunit vite, est connue dans le commerce sous le nom de *Coprah;* elle renferme environ moitié de son poids d'une huile très employée dans la fabrication des bougies et des savons. Voir partie II.

**Cocotier.** (Iles Hawaï.)

**Palmiers à huile** (Sénégal.)

## PALMIER A HUILE.

*Elaeis guineensis.* (Palmiers.)

Arbre de 10 à 15 mètres de hauteur, en forêt quelquefois 20 mètres et au delà, couronné de nombreuses feuilles longues de 6 à 7 mètres, très divisées comme celles du Dattier, mais à segments plus mollement pendants. Les groupes de fleurs mâles et femelles se trouvent sur le même pied, mais distants les uns des autres.

Les fruits, de la forme et grosseur d'une petite prune, jaunes ou rouge foncé, gras et luisants, forment des agglomérations très serrées de 30 à 40 centimètres de longueur sur 20 de largeur, pesant 20 à 30 kilos et souvent davantage. Ce Palmier est propre à l'Afrique tropicale occidentale; il abonde au Sénégal, au Dahomey, etc., où il forme d'épais et vastes taillis, à peu près inépuisables.

Les fruits formés d'une pulpe oléagineuse et d'un noyau très dur, également oléagineux, fournissent l'*huile de Palme* qu'on obtient par expression après avoir enlevé les noyaux ou amandes; cette huile a d'abord bon goût et bonne odeur et sert d'aliment aux indigènes; mais elle rancit vite et perd alors beaucoup de son parfum primitif de violette. Elle est un article d'exportation considérable de toute la côte occidentale d'Afrique; on l'emploie en Europe, depuis plus d'un siècle et de nos jours, principalement à fabriquer du savon et des bougies.

Autrefois, on rejetait comme sans valeur les amandes des fruits de cet arbre. Depuis une quinzaine d'années, on a reconnu qu'elles renfermaient une huile plus fine et plus blanche que celle du fruit, et on les exploite aujourd'hui de plus en plus, mais non sur place, comme pour l'huile de la pulpe du fruit, car il faut des machines spéciales pour séparer l'écorce dure de la matière grasse, molle et homogène que celle-ci recouvre. Ce travail se fait en Europe.

Le produit obtenu sert également à fabriquer des savons.

Voir partie II pour la statistique de l'un et l'autre et aux mots *Savons, bougies et glycérine.*

## SÉSAME.

Plante annuelle dressée haute de 1/2 à 1 mètre, à fruits anguleux capsulaires, s'ouvrant du sommet vers la base et renfermant de nombreuses graines (pl. 45, fig. *a*, une de ces graines agrandie du triple) aplaties, de coloration noirâtre ou blonde suivant les variétés.

Comme pour beaucoup de plantes cultivées, on n'a pas de certitude sur l'origine du Sésame, reportée en Asie par les uns, en Afrique par les autres. On le cultive en grand depuis longtemps dans les Indes anglaises (Bombay, Madras, Penjab, Provinces centrales, etc.), au Népal, Cachmire, en Perse, en Arabie, en Egypte, etc. Cette culture est très simple.

Les graines de Sésame (en anglais *Gingelly*) renferment environ 50 °/₀ d'une huile très estimée, ne rancissant pas facilement même au contact de l'air ; le centre de sa fabrication est à Marseille. Aux Indes on n'en retire que pour la consommation locale.

On fait subir aux graines trois pressions, deux à froid, une à chaud ; les deux premières donnent de l'huile comestible ; la première, dite de *froissage,* est estimée à peu près autant que celle d'Olive la plus fine. On l'emploie aussi en parfumerie ; les qualités moyennes servent à l'éclairage et à la lubrification des machines. L'huile de troisième pression ne peut servir qu'à la fabrication des savons.

En Allemagne, l'huile de Sésame entre dans la composition de la Margarine. On affirme que le dépôt formé par cette huile sert aux Chinois dans la fabrication de l'encre de Chine. Les déchets ou tourteaux trouvent de l'emploi comme nourriture pour le bétail et comme engrais.

En 1899, la France a importé pour sa consommation 77 milions de kilos de graines de Sésame,

dont 72 des Indes anglaises,
4 de Turquie,
1 de Chine,

plus à peine 60.000 kilos de nos possessions de la côte occi-

**Sésame.**

Sesamum indicum.

— Pédaliacées —

**Touloukouna.**

*Carapa procera.*

— MÉLIACÉES. —

dentale d'Afrique. Notre pays absorbe en moyenne les 2/3 des quantités exportées par les Indes anglaises, dont la production a augmenté considérablement depuis une trentaine d'années.

## 46. — TOULOUKOUNA.

Grand et bel arbre abondant le long des côtes et des cours d'eau de l'Afrique occidentale, au Sénégal et au Soudan, non moins qu'aux îles Caraïbes, à la Guyane et au Brésil.

Ses fleurs (fig. *a* et *b*) réunies en grappe donnent naissance à de gros fruits capsulaires s'ouvrant en 5 valves et renfermant environ 70 % d'une matière grasse de saveur amère, quoique d'odeur agréable, utilisée pour la fabrication des savons notamment à Marseille.

Les indigènes se servent de cette graisse, qu'on nomme aussi *graisse amère,* pour s'en frotter le corps et les cheveux afin de se préserver des piqûres de moustiques.

Le bois de cet arbre, assez léger, rougeâtre, à grain fin et serré, inattaquable par les insectes, se fend facilement et convient à l'ébénisterie, la carrosserie, etc.

En 1899, la France a importé uniquement pour sa consommation 13 millions 1/2 de kilos de graines de Touloukouna, Mowra et Illipé, le tout provenant des Indes anglaises d'après la publication officielle des douanes. Or le Touloukouna cité d'abord n'existe pas dans ce pays ! Il ne doit fournir qu'une minime partie de ces nombreux millions de kilos d'huile.

On trouve par contre dans le sud de l'Inde deux arbres de la famille des Sapotacées : *Illipe* ou *Bassia latifolia* et *longifolia,* nommés par les indigènes *Mahwah*, *Mowra* et *Illipé,* dont les fruits ovoïdes, mais surtout les fleurs, sont comestibles et les graines dures oléagineuses.

L'huile ou plutôt ce corps gras, solide, nommé aussi *Beurre d'Illipé,* qu'on retire de ces graines, rancit vite et sert à la fabrication de savons et de bougies très blanches, très dures et d'odeur agréable.

## PATCHOULY.

Plante herbacée ressemblant comme taille et forme à certaines de nos Menthes (de la même famille), indigène dans l'Inde, à Ceylan, en Malaisie, indiquée aussi à la Réunion.

Les feuilles et tiges, notamment celles de la variété *suavis*, originaire de la Chine et cultivée dans ce pays ainsi qu'en Malaisie, dégagent une odeur (on dit parfum!) extrêmement forte, surtout après dessiccation.

La culture de cette plante, très lucrative, n'est confiée qu'à des Chinois, mais la distillation des feuilles se fait principalement en Europe.

L'essence obtenue est le plus fort parfum connu tiré d'une plante. Ce sont les châles ou cachemires de l'Inde, très à la mode il y a un demi-siècle, qui l'ont fait connaître en Europe; ils étaient imprégnés de cette odeur dont on ignorait encore la nature et qui, de la sorte, leur donnait une garantie d'authenticité. Les fabricants de Lyon ayant pénétré le mystère, importèrent de l'essence de Patchouly et purent alors mieux imiter ces châles en leur donnant le même parfum.

Vers 1887-88, la demande de ce produit était si forte à Londres, qu'on n'y pouvait suffire, mais on n'en put obtenir de grandes quantités, les navires refusant de les embarquer à cause du danger de communiquer l'odeur si persistante à d'autres marchandises.

Dans les mélanges avec d'autres essences, celle du Patchouly finit toujours par prédominer. Quelquefois on la falsifie avec de l'essence de bois de cèdre.

Les feuilles pulvérisées et mises en sachets servent à préserver les vêtements et les fourrures des attaques des insectes. On en met aussi dans le linge.

Feuilles employées en parfumerie.

**Patchouly.**

Pogostemon Patchouly.

— Labiées. —

**Ylang-Ylang.**
Cananga odorata.
— Anonacées. —

## YLANG-YLANG.

Arbre de 15 à 20 mètres de hauteur, à feuilles persistantes, longues de 15 à 20 centimètres sur 6 ou 7 de largeur, rugueuses d'un côté, un peu duveteuses sur l'autre, à tiges courtes portant jusqu'à 4 fleurs donnant naissance à des baies vertes dont la chair est douce et aromatique, répandu en Birmanie, dans les Indes néerlandaises, aux Philippines, aux Moluques et dans les îles du Pacifique ; cultivé ailleurs pour le parfum de ses fleurs.

Les fleurs ont un parfum délicieux que l'on a comparé à celui du narcisse, de l'œillet et de la jacinthe. Ce parfum est surtout intense dans les fleurs des arbres cultivés ; on n'utilise que celles-ci, pour en obtenir une essence très employée en parfumerie pour la préparation des parfums à mouchoir et des savons de toilette.

C'est un produit moderne connu seulement depuis environ trente-cinq ans et dont le prix est presque aussi élevé que celui de l'essence de rose.

En 1887, Manille a exporté environ 1.200 kilos d'essence d'Ylang-Ylang ; la Réunion en produit aussi, mais infiniment moins.

En 1899, les importations en France d'huiles ou essences volatiles se sont élevées à plus de 320.000 kilos, sans compter celles de roses et Géranium rosat. A 10 °/₀ près, ces quantités sont entrées dans la consommation pour une valeur estimée à plus de 10 millions de francs.

Dans la même année l'Allemagne a importé pour sa consommation 416.000 kilos des mêmes produits, dont 50.000 de France, et la Grande-Bretagne 482.000 kilos, dont 173.000 de France. Notre chiffre d'importation est le plus faible des trois, mais notre production indigène nous met à même d'exporter des quantités d'essences à parfums, industrie pour laquelle la France occupe un des premiers rangs.

## SANTAL BLANC.

Arbre d'environ 8 à 12 mètres de hauteur, à feuilles persistantes, à fleurs petites (pl. 49, fig. *a*) et à fruits lisses (fig. *b*), renfermant une graine dont les oiseaux sont friands, répandu dans l'Inde, la Malaisie et en Chine à des altitudes de 6 à 900 mètres.

C'est un arbre délicat, souffrant de toute atteinte portée à son écorce; aussi ne fleurit-il bien que quand on l'entoure de haies protectrices. Son bois, blanc ou jaune, très dense, se fendant difficilement, a une forte odeur persistante, plus intense dans le bois jaune que dans le blanc; les Chinois en brûlent des quantités considérables en l'honneur de Bouddha, si bien que cet arbre a beaucoup diminué dans leur pays. Par contre, le Mysore, province située dans le Sud de l'Inde, en produit en abondance. Il sert aux Hindous comme aux Chinois dans les cérémonies religieuses; on en sculpte des idoles, et les riches indigènes font quelquefois brûler leurs morts sur des bûchers de Santal. Ce bois, qui n'est pas attaqué par les insectes, sert encore à faire ces coffrets et boîtes, souvent incrustés d'ivoire, que tout le monde connaît.

Il renferme une huile essentielle, surtout dans les grosses racines, principalement employées pour son extraction, qui se fait par distillation aussi bien dans l'Inde qu'en Europe. L'essence de Santal est utilisée dans certaines maladies des voies urinaires et respiratoires, et en parfumerie pour la préparation d'extraits et de bouquets.

Bombay est le principal marché du bois de Santal dont l'exportation augmente continuellement; la Chine importe la plus grande partie; la France arrive en deuxième ligne avec environ 230.000 kilos en 1899; la Grande-Bretagne, après l'Allemagne et les États-Unis, occupe le dernier rang. Une partie de l'essence de Santal serait fournie par divers arbres du genre *Epicharis* de la famille des Méliacées.

Quant au *Santal rouge,* c'est un arbre de la famille des Légumineuses, le *Pterocarpus Pantalinus,* indigène aux Indes et aux Philippines. L'essence qu'on en retire n'est employée qu'en médecine.

**Bois employé en pharmacie, parfumerie, ébénisterie.**

**Santal blanc.**

Santalum album.

— SANTALACÉES. —

## Racine tinctoriale.

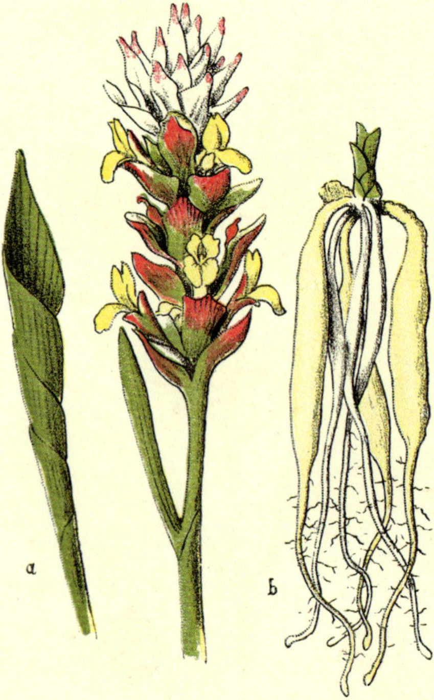


**Curcuma.**

Curcuma longa.

— ZINGIBÉRACÉES. —

## CURCUMA.

Plante herbacée vivace, à tige fleurie, haute de 1 m. 1/2, à feuilles larges et élancées, enroulées à l'état jeune (pl. 50, fig. *a*), originaire de l'Asie orientale, cultivée aux Indes anglaises et néerlandaises et en Chine pour ses racines charnues, allongées ou arrondies ; les fruits sont inconnus, car on coupe les tiges fleuries avant qu'ils puissent se former. Ces racines (fig. *b*) ont quelques centimètres de diamètre et renferment de la fécule, ainsi qu'une belle matière colorante jaune orangé.

Au Bengale, la culture, assez semblable à celle de la Canne à sucre, se fait dans un sol riche, léger, non exposé aux inondations, au moyen de fragments de ces racines qui se développent encore 6 à 8 mois après leur récolte. Celle-ci ne se fait habituellement que la deuxième année ; plus tôt, qualité et quantité seraient inférieures.

Dans cette région, pour obtenir la matière colorante, les racines bien nettoyées sont soumises à une cuisson progressive dans leur seul jus et dans des pots dont l'ouverture doit être bien bouchée. Après cela on sèche au soleil pendant 6-7 jours, en couvrant la nuit à cause des brouillards. On fait aussi bouillir quelquefois dans l'eau avec addition d'un peu de bouse de vache.

La poudre de Curcuma est un des condiments les plus nécessaires à la confection du Curry, cet amalgame d'épices si employé aux Indes et par les Anglais.

La *Curcumine,* matière tinctoriale de cette racine, est employée à teindre les soies, mais c'est une couleur fugace et très délicate, sensible à la lumière, peu soluble dans l'eau même chaude.

En 1888, l'Inde en a exporté plus de 7 millions de kilos, sans compter ce qui a passé chez ses voisins au Cashmire qui en achètent des quantités considérables.

En 1899, la France a importé pour sa consommation :

314.000 kilos de Curcuma presque tout en racines,
dont 182.000 des Indes anglaises ;
et 122.000 de Chine ;

Java en produit la qualité la plus estimée.

Les chiffres anglais ne sont pas publiés.

## INDIGOTIER.

Arbrisseau dressé à fleurs rouges ou rose sale (pl. 51, fig. *b*), à fruits en forme de gousses un peu courbes ou enroulées (fig. *a*), originaire de l'Inde d'où lui vient son nom et où elle est cultivée en grand depuis fort longtemps.

Les Grecs et les Romains connaissaient une couleur noire qu'ils appelaient *indicon*; on ne savait sans doute pas encore tirer de la plante le bleu que Marco Polo vit au Sud de l'Inde dans un de ses voyages et dont parlent déjà les registres commerciaux de Marseille en 1228. Au XVI^e^ siècle, son emploi restreint jusqu'alors prit une extension considérable, notamment en Hollande où les teinturiers avaient si grande réputation que même les Anglais leur envoyaient des étoffes à teindre.

Afin de maintenir les cultures des plantes tinctoriales très importantes du Languedoc, Henri IV, dans un édit daté de 1609, menaça de la peine de mort toute personne employant de l'Indigo. Pareille défense fut faite en Allemagne en 1607 et 1650, ainsi qu'en Angleterre, sous le prétexte que c'était un poison. Mais, à partir de 1664, la Compagnie anglaise des Indes fut autorisée à faire l'importation de ce produit qui ne fit qu'augmenter jusqu'à la découverte des couleurs d'aniline. Actuellement la production a baissé, en même temps que le prix a diminué de plus de moitié depuis une trentaine d'années.

On obtient le bleu d'Indigo d'après une méthode très anciennement en usage. Les substances qui le forment se trouvent dans les feuilles; pour simplifier l'opération on emploie tiges et feuilles.

Au moment de la floraison, on coupe les plantes à 15 ou 20 centimètres au-dessus du sol; on immerge le tout dans des citernes ou bien dans des cuves en bois remplies d'eau très pure, et on laisse macérer et fermenter jusqu'à ce que les feuilles prennent une teinte pâle et soient devenues molles; on laisse alors écouler le liquide devenu grisâtre dans un second réservoir placé plus bas que le premier et on l'agite

## Feuilles tinctoriales.

**Indigotier.**

Indigofera tinctoria.

— Légumineuses. —

**Bois tinctorial.**

**Pernambouc.**

*Cæsalpina echinata.*

— LÉGUMINEUSES. —

à découvert pendant 1 heure et demie à 3 heures, afin de le mettre en contact avec l'oxygène de l'air. A mesure que l'on agite, le liquide s'oxyde et tourne au bleu ; au bout de quelques heures de repos, l'indigo se dépose au fond de la cuve; on décante le liquide jusqu'à ce qu'il ne reste qu'une pâte bleu noirâtre. Après un filtrage dans des sacs, on sèche à l'ombre et il n'y a plus qu'à couper en morceaux et à expédier.

Quoique l'Indigo soit beaucoup moins employé aujourd'hui qu'autrefois, cette culture est encore importante comme le démontrent les chiffres cités dans la partie II.

## 32. — PERNAMBOUC.

Grand arbre à fleurs panachées de jaune et de rouge, très odorantes, à fruits en gousse oblongue, chargée d'aiguillons (fig. à gauche du rameau), indigène au Brésil où le port de Fernambouc ou Pernambouc, qui exporte son bois, a laissé le nom à cet arbre connu encore sous le nom de *Brésillet de Fernambouc* ou *Bois du Brésil* tout court.

Ce bois très dur, pesant, compact, facile à polir, peut être utilisé par les tourneurs et les luthiers; son principal emploi se trouve dans la teinture à laquelle il fournit une belle couleur rouge. Il arrive en Europe en bûches de plus d'un mètre de long, grosses comme le bras, de coloration rouge, brune ou noire à l'extérieur, jaune à l'intérieur. Son odeur est faible, sa saveur est peu prononcée.

On trouve au Brésil encore d'autres bois rouges provenant d'arbres de la même famille et du même genre, mais moins estimés.

Le nom de Brasil ou Brésil était donné en Europe au moyen âge à un bois de teinture provenant des Indes par la voie d'Egypte. Quand le Brésil fut découvert en 1500 par Cabral, la fréquence des bois rouges frappa les nouveaux arrivés qui donnèrent pour cette raison au pays le nom de Brésil.

En 1899, il a été importé en France, pour la consommation intérieure, plus de 96 millions de kilos de bois de teinture divers. Il est malheureusement impossible de voir combien de chaque sorte, pas plus du reste que dans les chiffres publiés par la Grande-Bretagne. L'Allemagne a reçu en 1899 1.300.000 kilos de bois de teinture rouges, dont 200.000 du Brésil s'appliquant au Pernambouc et similaires.

## 53. — CAMPÊCHE.

Arbre de 8 à 12 mètres de hauteur, à rameaux souvent épineux, à feuilles persistantes, à fleurs petites (pl. 53, fig. *a*), à fruit (fig. *c*), s'ouvrant par le milieu et renfermant 1 ou 2 graines (fig. *b*), indigène au Mexique, dans la baie de Honduras, à l'île Saint-Domingue, naturalisé à la Jamaïque et dans quelques autres régions tropicales.

Son bois, d'un rouge sang à l'intérieur, prenant à l'air et à l'humidité une teinte violette presque noire, est pesant, compact, facile à polir et peut servir en ébénisterie; quand on le mâche, il teint la salive en rouge foncé au bout de quelques instants; il répand une odeur d'iris très marquée. Son principal emploi consiste à teindre en bleu, violet et noir.

La qualité la plus estimée vient du Yucatan, où le port de Campêche exporte des quantités considérables de ce bois qui porte du reste son nom, en anglais *Logwood,* ce qui signifie bois en bûches. Les forêts ne se trouvant plus qu'à l'intérieur du pays (le Campêche n'est guère répandu que dans les forêts), des bateaux remontent les rivières et vont chercher le bois débité en bûches d'environ 1 mètre de long pour le ramener à la côte.

Une concurrence sérieuse est faite à cette provenance par Saint-Domingue et Haïti, ainsi que par le Honduras anglais. Mais la Grande-Bretagne seule paraît employer cette dernière sorte peu recherchée ailleurs.

Il se fait aussi de l'extrait de bois de Campêche expédié en caisses.

## Bois tinctorial.

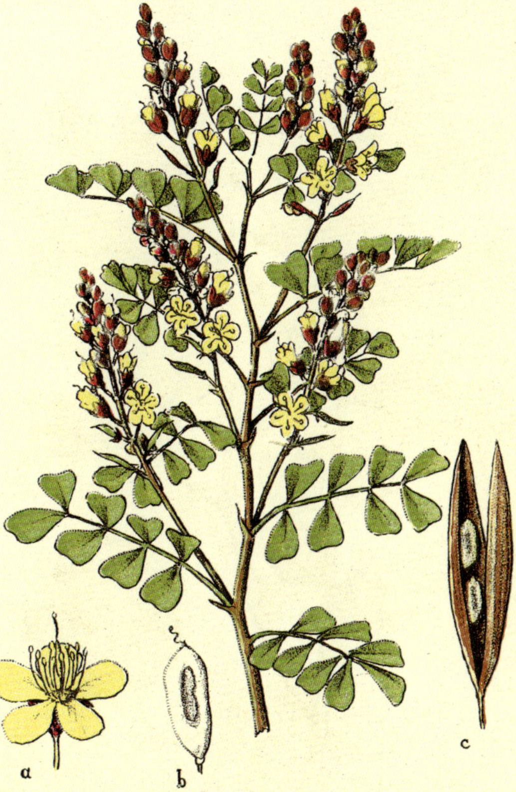


**Campèche.**

Hæmatoxylon campecheanum.

— Légumineuses. —

## Écorce tinctoriale.

**Quercitron.**

*Quercus tinctoria.*

— CUPULIFÈRES. —

## CHÊNE QUERCITRON.

Grand arbre très répandu dans les États de l'Ouest de l'Amérique du Nord depuis le Canada jusqu'à la Floride.

La matière tinctoriale jaune contenue dans son écorce et qui porte aussi le nom de cet arbre a été découverte en 1820 par Bancroft, chimiste américain.

Elle a un pouvoir colorant neuf fois plus puissant que celui de la Gaude, jadis si employée. Voici comment on l'obtient :

L'écorce noire extérieure qui contient des impuretés est enlevée du tronc à l'aide de rabots ou de râpes; on ne conserve que la partie claire intérieure qui est broyée sous des meules et laisse une matière poudreuse mélangée de fibres. Le produit est d'autant plus estimé qu'il est de récolte récente, très chargé de poussière fine, peu coloré et peu fibreux, les fibres fournissant moitié moins de teinture. L'odeur en est faible, la saveur amère et astringente.

On classe le Quercitron en trois sortes nommées d'après les ports d'embarquement : Baltimore, New-York et Philadelphie; les deux dernières — les plus septentrionales — sont les meilleures. Depuis une trentaine d'années, on le prépare aussi beaucoup en extrait.

La culture du Quercitron a été tentée en France et non sans succès, mais sans influencer nos importations lesquelles, à part de faibles quantités de l'Inde et d'Afrique, proviennent toutes des États-Unis.

Importation en France en 1899 : plus de 1 million de kilos.
— en Allemagne — près de 8 1/2 —

## CHÊNE A GALLES.

Arbrisseau ou petit arbre à rameaux nombreux, à feuilles de 4 à 6 centimètres de long sur 2 ou 3 de large, à glands solitaires, commun en Grèce et depuis l'Asie Mineure et la Syrie jusqu'en Perse.

C'est sur les bourgeons des jeunes pousses de ce chêne que se forment les excroissances de 15 à 20 millimètres de diamètre, lisses, brunes et mates, connues sous le nom de *Noix de Galles,* renfermant 60 à 70 °/₀ d'un tanin particulier appelé *acide gallo-tannique* auquel il doit sa saveur âpre.

Les galles, en général, sont des productions très variables de forme, dans les racines, tiges, feuilles et fleurs des plantes, dues habituellement à des insectes, quelquefois à des petits vers. Dans la galle du *Quercus infectoria,* c'est un petit insecte hyménoptère, le *Cynips tinctoria,* qui est cause de l'excroissance : la femelle enfonce sa tarière dans les tissus du jeune bourgeon où elle veut déposer son œuf. Aussitôt celui-ci éclos, il se produit dans le bourgeon une accumulation considérable des sucs de la plante, entraînant la formation d'une excroissance au centre de laquelle la larve se développe. Au bout de six mois, le Cynips arrivé à l'état ailé, c'est-à-dire parfait, creuse une galerie dans la galle et sort par l'orifice qui atteint 3 millimètres de diamètre. L'insecte et la galle se développent simultanément; si l'œuf avorte, il ne se forme pas d'excroissance; si la larve vient à mourir, la croissance de la galle est arrêtée.

Ces galles sont plus riches en tanin quand on les recueille avant la sortie de l'insecte, ce qui se reconnaît à leur couleur sombre, à leur poids et à ce qu'elles ne sont pas perforées; on les appelle *Noix de Galles noires* ou *vertes;* elles sont plus estimées que les *Noix de Galles blanches*, plus légères et perforées.

Les Galles de la Chine et du Japon, entrées dans le commerce depuis le milieu du siècle dernier, sont produites par un puceron sur le *Rhus semialata* (Sumac semi-ailé) de la famille des Thérébinthacées. Elles sont très creuses, de formes

Galles tinctoriales.

**Chêne à Galles.**

Quercus infectoria.

— Cupulifères. —

**Fruits tinctoriaux.**

**Myrobolanier.**

Terminalia Catappa.

— COMBRÉTACÉES. —

très variables et relativement légères, mais plus grandes que les Noix décrites ci-dessus : celles de Chine atteignent 7 à 8 centimètres, celles du Japon 4 à 6 environ. Les Galles de l'Inde proviennent de divers Tamarix, etc.

Toutes ces Galles, quoique riches en tanin, sont beaucoup moins employées depuis les progrès de la chimie moderne. On s'en servait jadis notamment à fabriquer de l'encre.

Voir partie II la statistique.

## 56. — MYROBOLANIER ou BADAMIER.

Bel arbre de 20 à 25 mètres de hauteur, à longues branches horizontales, à grandes feuilles et petites fleurs (pl. 56, fig. *a*), à fruits charnus, très répandu en Malaisie, en Cochinchine, à la Nouvelle-Guinée, aux îles Fidji, sur la côte de Madagascar, naturalisé aux Antilles, à l'île Maurice et à la Réunion, et souvent cultivé ailleurs pour la beauté de son port et de son feuillage devenant rouge intense avant sa chute.

Ses fruits sont comestibles, de même que les graines ou amandes. Les feuilles et l'écorce sont astringentes et peuvent servir pour la teinture en noir; on en fait aussi de l'encre.

Une autre espèce, le *Terminalia Chebula* de l'Inde, a les amandes très lourdes, grosses comme des olives, à côtes aiguës très rugueuses et d'une coloration brun foncé, connues sous le nom de *Myrobolans noirs*. Très employées par les teinturiers et les tanneurs, elles sont un important article d'exportation des Indes anglaises d'où :

L'Allemagne en 1899 en a importé 10.000.000 de kilos;
et la Grande-Bretagne, 31.000.000 —

Les détails manquent pour notre pays.

Bombay est le principal port d'exportation.

## QUEBRACHO.

Arbre de 12 à 20 mètres de hauteur, à branches pendantes comme les saules pleureurs, à feuilles persistantes bordées de jaune, souvent terminées en pointe aiguë, à fleurs assez petites (fig. *a*), à fruit capsulaire de 6 centimètres de diamètre, renfermant 4 à 12 graines rondes et plates de 10 millimètres de diamètre sur au plus un d'épaisseur, très répandu dans la République Argentine, notamment au Nord-Ouest vers la frontière Bolivienne et Chilienne, et au Brésil.

Le nom indigène de *Quebracho* signifie *brise-hache;* on l'applique il est vrai encore à d'autres bois durs, par exemple au *Schinopsis Balansae,* arbre de 8 à 10 mètres, d'aspect tout différent et de la famille des Anacardiacées, répandu dans les forêts du Paraguay et connu comme *Quebracho colorado* ou rouge, par opposition à l'espèce figurée, appelée *blanco,* pour indiquer la différence de coloration des bois.

On en utilise l'écorce et le bois, importés de plus en plus en Europe depuis une vingtaine d'années, comme matières tannantes. On reçoit aussi d'importantes quantités d'*extrait* de Quebracho fabriqué dans la République Argentine.

En 1899 il a été importé en Allemagne :

| | |
|---|---|
| 80 millions de kilos de Quebracho dont | 230.000 du Brésil;<br>le reste de la République Argentine; |
| plus 6 millions 1/2 de kilos d'extrait dont (valant 5 fois autant) | 3 millions de la République Argentine;<br>1 million 1/2 de Belgique;<br>1 — 1/3 de France. |

Pour notre pays nous ne pouvons indiquer que nos arrivages en 1894 au Havre : 6 millions 1/4 de kilos.

Écorce tinctoriale.

**Quebracho.**

Aspidosperma Quebracho blanco.

— APOCYNACÉES. —

**Fruit tinctorial.**

**Rocouyer.**

Bixa Orellana.

— Bixacées. —

## ROCOUYER.

Arbuste de 4 à 5 mètres de hauteur, à fruit capsulaire s'ouvrant en 2 valves (fig. de gauche de la pl.), renfermant une vingtaine de graines aplaties en tête (comme le montre la petite fig. à droite de la pl.), indigène dans l'Amérique tropicale continentale et aux Antilles, naturalisé aux Indes et en Afrique, souvent cultivé.

Les graines sont entourées d'une pulpe gluante rouge qui constitue le *Rocou*. Ce mot est une corruption d'*Urucu*, nom que lui donnent les indigènes du Brésil. Les Anglais l'appellent *Arnasso*, les Allemands *Orlean*.

Le Rocou est une matière colorante qu'employaient déjà les Indiens aux Antilles lors de la découverte de l'Amérique, notamment pour s'en teindre le corps. On le prépare en broyant les graines et en délayant dans l'eau chaude qui, déversée sur un tamis, entraîne la matière colorante. Après avoir laissé reposer et fermenter le liquide, on recueille la pâte qui s'est déposée au fond, on sèche et on forme des morceaux de quelques kilos, enveloppés dans des feuilles de bananier ou de balisier pour être expédiés. Le produit obtenu de graines fraîches et lavées, sans que celles-ci aient été broyées, est le plus estimé.

Le Rocou sert à teindre la soie en orange; on l'emploie aussi à colorer le beurre, le fromage, la cire à parquet, etc.

Autrefois, la Jamaïque et la Guyane française en produisaient de grandes quantités. Actuellement c'est la Guadeloupe qui en fournit le plus.

Nos importations se sont élevées en 1899 à près de 200.000 kilos dont environ 140.000 de la Guadeloupe. L'Allemagne, puis l'Angleterre et l'Espagne nous en ont acheté 133.000 kilos dans la même année.

## GAMBIER.

Arbuste grimpant, à feuilles persistantes, à fleurs allongées garnies de soies fines sur les bords (pl. 59, fig. *a* et *b*), à fruits en capsules allongées (fig. *c*), à graines pourvues à leurs deux extrémités d'une longue aile quelquefois fendue (fig. *d*). Des crocs placés à l'aisselle des feuilles — la place occupée sur la planche par les grappes de fleurs — permettent à cette liane de se soutenir et de s'élever sur les arbres voisins. Indigène dans la presqu'île de Malacca, à Singapore, à Java et à Sumatra, le Gambier y est aussi cultivé, souvent en même temps que le Poivre, auquel ses feuilles servent d'engrais après avoir subi la préparation dont il va être question.

Quand l'arbuste a atteint 2 ou 3 mètres de hauteur, on coupe les feuilles et les jeunes bourgeons qui repoussent vite et peuvent être cueillis plusieurs fois dans l'année; on les fait bouillir dans de grandes chaudières pendant une heure; on les presse pour en retirer tout liquide; celui-ci est rebouilli jusqu'à ce qu'il s'épaississe; le sirop obtenu est versé dans des baquets; on laisse refroidir, puis on agite le contenu avec un bâton; finalement la masse devient solide et il n'y a plus qu'à laisser sécher à l'ombre et couper ou mouler en petits blocs.

Cette matière brunâtre est astringente et sert en teinture et au tannage des cuirs auxquels il donne une grande souplesse et douceur.

Les statistiques françaises et allemandes ne parlent pas de Gambier, article important, car rien que Singapore en a exporté en 1896 environ 44 millions de kilos en Europe et aux États-Unis, et ce n'est qu'une partie de la production de cette région.

Voir aussi *Cachou* à la page suivante.

## Feuilles et bourgeons tinctoriaux.

**Gambier.**

Uncaria Gambier.

— Rubiacées. —

**Bois tinctorial.**

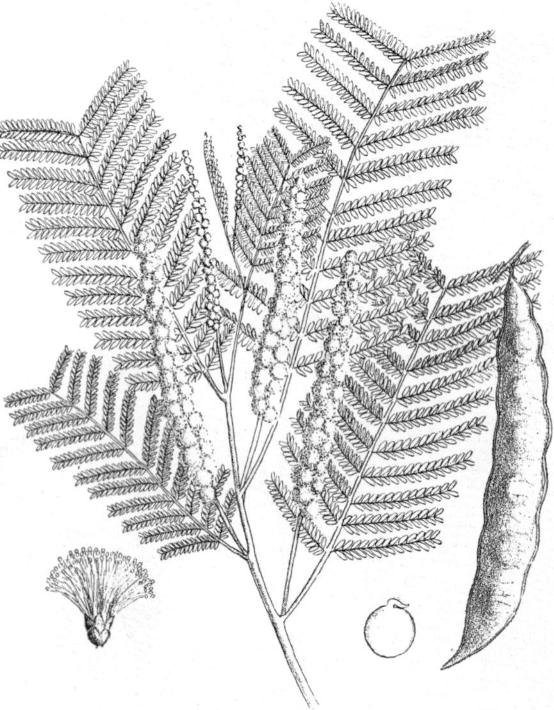

**Cachou.**

Acacia catechu.

— Palmiers. —

## CACHOU.

Arbre de la famille des Légumineuses et non des Palmiers, (comme la planche le dit par erreur), de 10 à 15 mètres de hauteur, à feuilles très divisées, à fleurs jaunes, semblables à celles de nos « Mimosa », à fruits en gousses plates renfermant 3 à 6 graines, indigène et abondant dans la Birmanie anglaise, dans l'Inde, à Ceylan, dans l'Afrique tropicale orientale et naturalisé à la Jamaïque.

On le prépare principalement à Pégu, dans la Birmanie anglaise, d'une façon analogue au Gambier, c'est-à-dire en faisant bouillir le bois réduit en petits morceaux jusqu'à épaississement du liquide qui finit par se solidifier quand on l'expose au soleil. Ce produit est astringent et utilisé en pharmacie; il fournit des couleurs très solides pour teindre les étoffes et s'emploie beaucoup au tannage des cuirs. Les fumeurs connaissent tous ces pilules en Cachou que l'on prend pour masquer l'haleine viciée par l'abus du tabac.

Il est assez difficile de faire la part de chacun des deux articles Gambier et Cachou dans leurs importations en Europe, à cause de la similitude des emplois. La Grande-Bretagne les réunit dans ses statistiques qui accusent pour 1899 une importation de 22 millions de kilos, dont 18 des « Straits Settlements » et 3 de la Birmanie anglaise; sur cette quantité, plus de 4 millions de kilos ont été reexportés dont près de moitié en Belgique. Les importations en France ont été en 1899 de 5 millions de kilos de « Cachou en masse », sans doute du Cachou de Pégu, celles d'Allemagne de près de 7 millions 1/2 de kilos du même, presque tout des Indes anglaises comme pour la France.

## DIVIDIVI ou LIBIDIBI.

Nom donné à Curaçao au fruit du *Caesalpinia coriaria,* arbre de la famille des Légumineuses, répandu au Vénézuéla, dans la Colombie, à Haïti et la Guyane hollandaise, d'où Curaçao notamment en exporte de grandes quantités.

Ce fruit, une gousse enroulée en forme d'un S ou d'un C, mesurant 3 à 15 centimètres de longueur sur 2 de largeur et quelques millimètres d'épaisseur, est connu en Europe depuis une centaine d'années et sert au tannage et à la teinture des cuirs en noir. Le siège de la matière tannante et colorante se trouve dans la partie charnue de ces gousses qui en renferment plus de la moitié.

En 1899, la France en a importé environ 315.000 kilogrammes surtout du Vénézuéla et de la Guyane hollandaise, l'Allemagne plus de 8 millions 1/2 de kilos, principalement de la Guyane hollandaise, de la Colombie, du Vénézuéla, des Antilles anglaises; l'un et l'autre de ces chiffres s'appliquent à la consommation intérieure.

## 62. — CHANVRE DE MANILLE.

Sous ce nom et celui d'*Abaca* qui lui est donné dans son pays d'origine, on désigne une majestueuse plante, indigène aux îles Philippines, et ressemblant beaucoup au Bananier de la même famille décrit à la page 12.

Le tronc, constitué par les gaines des feuilles emboîtées les unes dans les autres, atteint jusqu'à 8 et 10 mètres de hauteur, les feuilles souvent 2 et 3 mètres de longueur. Les fruits ne sont pas comestibles. Le port de la plante rappelle celui de certains Palmiers.

L'Abaca se plaît dans les sols volcaniques des pays chauds

**Dividivi.**

*Caesalpinia coriaria.*

— LÉGUMINEUSES. —

## Tiges textiles.

**Abaca.**

Musa textilis.

— Musacées. —

à pluies abondantes. Une trop grande altitude, des marécages non moins qu'une sécheresse prolongée lui sont funestes. Aux Philippines, il est l'objet de grandes cultures pour les belles fibres que l'on en retire.

Le tronc seul fournit ces fibres, et non les feuilles comme on l'a dit quelquefois. On les obtient en coupant le tronc un peu au-dessus du sol, ensuite on le fend en deux dans le sens de la longueur, puis en tranches de la largeur de la main; les lanières que l'on en retire alors sont séchées à l'abri du soleil pendant un jour ou deux et finalement débarrassées des tissus qui les entourent. Un dernier séchage en grange termine l'opération.

Les troncs doivent être abattus avant la floraison et avoir environ 2 mètres de hauteur.

Ces fibres, d'un blanc crême luisant, longues de un mètre et demi à deux mètres sont très légères, résistantes et durables même dans l'eau. Aussi leur emploi pour la fabrication des cordages de la marine est-il tout indiqué. On en fait encore des tissus pour ameublement, des nattes, du papier. Même les vieux cordages et n'importe quels déchets en Abaca peuvent facilement être transformés en papier d'excellente qualité.

Après le Sucre et le Tabac, le Chanvre de Manille est le principal article d'exportation des îles Philippines, qui presque seules en produisent.

Il a été importé en 1899 directement :

| | | | | |
|---|---|---|---|---|
| En France . . . . . | environ | 2 | millions | de kilos. |
| En Allemagne. . . . | — | 1 1/2 | — | — |
| En Grande-Bretagne. | — | 29 | — | — |

Les États-Unis en importent à peu près autant que ce dernier pays.

La production totale a été évaluée à plus de 115 millions de kilos pour 1897 ; elle a toujours suivi une marche ascendante.

## KAPOK ou FROMAGER.

L'arbre que les Hollandais désignent sous le premier de ces deux noms est un des géants des forêts de Java et de Sumatra; on le trouve également dans les autres régions tropicales de l'Asie, de l'Amérique et de l'Afrique.

Son tronc élancé, nu dans le bas, domine généralement tout son entourage. Les branches, disposées par étages très espacés et peu couvertes de feuilles pendant la saison sèche, servent souvent d'appuis à de nombreux autres végétaux, Orchidées, Fougères, etc., qui font ressembler de vieux sujets de ces arbres à de véritables jardins.

Aux fleurs assez grandes, jaunâtres, succèdent des fruits coriaces en forme de capsules, renfermant de nombreuses graines enveloppées dans des filaments brillants et fins comme de la soie.

Il y a une cinquantaine d'années, lors de l'établissement de la première ligne télégraphique à Java, on fit choix des Kapoks comme poteaux télégraphiques. Bientôt la demande de ces arbres s'accrut à tel point qu'il fallut en planter, ce qui attira l'attention sur les graines et la laine qu'ils produisent en grande abondance. Cette graine renferme de 20 à 25 % d'huile utilisée en Hollande dans la fabrication des savons. La laine, quoique fine, plus élastique et plus résistante que la fibre de coton, ne peut cependant être tissée ni filée, les filaments étant trop cassants et trop courts, mais elle est très recherchée comme ouate végétale pour garnir des oreillers et coussins à la place de duvet, des matelas, et pour rembourrer des sièges, préférés dans les tropiques à cause de leur grande douceur et légèreté.

Un arbre rapporte au bout de trois ans; quand il est arrivé à son entier développement, il fournit 1.000 à 1.500 fruits par an. A la Nouvelle-Guinée on en a planté en grand

**Kapok** ou **Fromager**. — Eriodendron anfractuosum.
— Bombacées. —

**Poils (des graines) textiles.**

**Cotonnier velu.**

Gossypium hirsutum.

— MALVACÉES. —

nombre le long des routes, cette culture étant facile et lucrative. On procède par semis.

En 1899 l'exportation de Java de cette laine a dépassé mille tonnes. L'Inde, Ceylan, la Jamaïque et l'Australie en produisent également.

## 64-66. — COTON.

Le Coton nous est fourni par un assez grand nombre d'espèces du genre *Gossypium,* les unes herbacées, d'autres ligneuses ; quelquefois la même espèce est herbacée dans une région et ligneuse dans une autre. Nous en avons fait figurer deux des plus répandues :

Le **Cotonnier velu** (variété du *Gossypium herbaceum* qui fournit le coton *Upland* du commerce), à tiges couvertes de poils courts et abondants et à divisions des feuilles peu profondes. Les capsules (planche 65, fig. *a*) renferment des graines auxquelles sont fixés des poils longs en moyenne de deux centimètres et demi ; c'est le coton proprement dit ; en plus, ces graines sont couvertes d'un feutre duveteux court qui manque au :

**Cotonnier des Barbades** qui fournit le coton appelé *Sea-Island,* sorte la plus estimée. Les tiges sont glabres, les divisions des feuilles assez profondes ; les poils faciles à détacher des graines — celles-ci sans duvet — atteignent jusqu'à cinq centimètres (fig. *a*). Les pétales sont marqués à la base d'une tache violacée ou pourpre.

Nous ne nous étendrons pas sur les autres espèces dont chacune comprend encore de nombreuses variétés ; les types que le lecteur a sous les yeux suffisent pour donner une idée de la forme de ces plantes, en somme peu différentes entre elles.

On n'a que des données très incertaines sur l'origine des

diverses espèces de Cotonniers cultivés. Il est certain que les anciens Grecs et Égyptiens recevaient de l'Inde des étoffes de coton ; Hérodote et Théophraste en font mention.

Aux Antilles, au Mexique, au Chili et au Brésil la culture et l'emploi du Coton se pratiquaient déjà avant la découverte de l'Amérique, sans cependant que l'on sache quelles étaient les espèces cultivées ni d'où elles provenaient. Mais c'est seulement depuis une centaine d'années que cette culture a pris une importance qui n'a fait que croître et qui paraît loin d'avoir atteint son point culminant.

Aux États-Unis, les récoltes ont progressé dans les énormes proportions suivantes :

| | | | |
|---|---|---|---|
| 1791 | environ | 1 | million de kilos. |
| 1800 | — | 22 | — |
| 1820 | — | 73 | — |
| 1840 | — | 378 | — |
| 1860 | — | 1.016 | — |
| 1880 | — | 1.185 | — |
| 1890 | — | 1.583 | — |
| 1899 | — | 2.469 | — |

Les prix d'une sorte, *Midland* ou type moyen, ont varié entre 61 centimes par kilo, cours annuel moyen le plus bas (1895), et 4 fr. 85, cours annuel moyen le plus élevé (1799 et 1801), si l'on fait exception des années de la guerre de sécession où ce prix moyen atteignit 11 fr. 25 et le plus élevé près de 21 francs.

Parmi les États de l'Union produisant du Coton, la Caroline du Sud a d'abord occupé le premier rang, puis la Géorgie, ensuite le Mississipi ; depuis une douzaine d'années, le Texas, un des derniers où cette culture ait été introduite, tient la tête avec plus du quart de la production totale de l'Union.

Nous donnons, dans la partie II du volume, quelques

## Poils (des graines) textiles.

**Cotonnier des Barbades.**

*Gossypium barbadense.*

— MALVACÉES. —

chiffres sur l'importance des récoltes de Coton dans l'Inde, l'Égypte, etc.

Faute de place, les procédés de culture et l'histoire de l'industrie de cet important textile ne peuvent être traités dans ce volume. Ceux qui s'y intéressent consulteront avec fruit l'ouvrage de M. H. Lecomte (1), le plus étendu en langue française qui ait été consacré à ce sujet, et d'après lequel ont été résumés la plupart des renseignements donnés ici.

Les emplois du Coton comme tissus et fils sont connus. Nous ne citerons que les autres usages de la plante. La graine renferme environ un cinquième d'huile, fait connu depuis longtemps, mais dont la mise en pratique ne remonte qu'à une cinquantaine d'années. Nous renvoyons le lecteur à la partie II pour cette importante application.

Tout le monde a entendu parler du Coton-poudre, explosif très dangereux ; il s'obtient en traitant le coton par l'acide azotique et l'acide sulfurique.

Le Coton hydrophyle, que la chirurgie moderne a substitué à la charpie d'autrefois, est du coton préparé dans une dissolution de soude ou de potasse, ce qui lui enlève les substances azotées qu'il peut contenir.

1. *Lecomte,* le Coton. Paris, 1900. Un volume in-8° de 494 pages. Prix : 9 francs.

## 67-68. — HALFA.

Le mot arabe *Halfa* s'applique à diverses Graminées de steppes ; en français, il désigne maintenant spécialement l'espèce figurée sur notre planche. C'est une plante touffue, à feuilles persistantes, planes dans la période de végétation, enroulées et ressemblant à celles du jonc quand elles dessèchent. Ces feuilles ont en moyenne 50 à 80 centimètres de longueur et se terminent en une pointe fine et piquante qui souvent jaunit.

L'Halfa est répandu dans le Sud-Est de l'Espagne (et y est cultivé parfois), en Algérie (principalement dans la province d'Oran), en Tunisie, dans la Tripolitaine et au Maroc ; on le trouve aussi, mais moins abondant, au Sud du Portugal et dans les îles Baléares. Quoique en Algérie ce soit avant tout une plante des Hauts-Plateaux, son aire de dispersion s'étend aussi vers la mer non moins que du côté de la région désertique. Elle s'accommode de tous les terrains, pourvu qu'ils soient assez perméables, les eaux stagnantes la faisant périr. La floraison a lieu en mai, mais les graines n'arrivent pas toujours à maturité.

Dans l'antiquité l'Halfa était déjà employé par les Phéniciens, ensuite par les Romains qui le tiraient d'Espagne et faisaient de ses feuilles très résistantes des cordages pour leurs navires, des paniers, des chaussures, etc. Du nom latin *Spartum* dérive l'espagnol *Esparto* et le mot *Sparterie* employé en français pour les objets confectionnés en Halfa. (Voir *Sparte,* partie II).

Au moyen âge le chanvre, cultivé partout, suffisait à tous les besoins ; l'Halfa n'était guère utilisé qu'en Espagne.

Une nouvelle époque dans l'histoire de l'Halfa, et la plus importante, commence en 1857 avec la découverte d'un Anglais, Th. Routledge, qui, le premier, eut l'idée d'utiliser

**Feuilles textiles.**

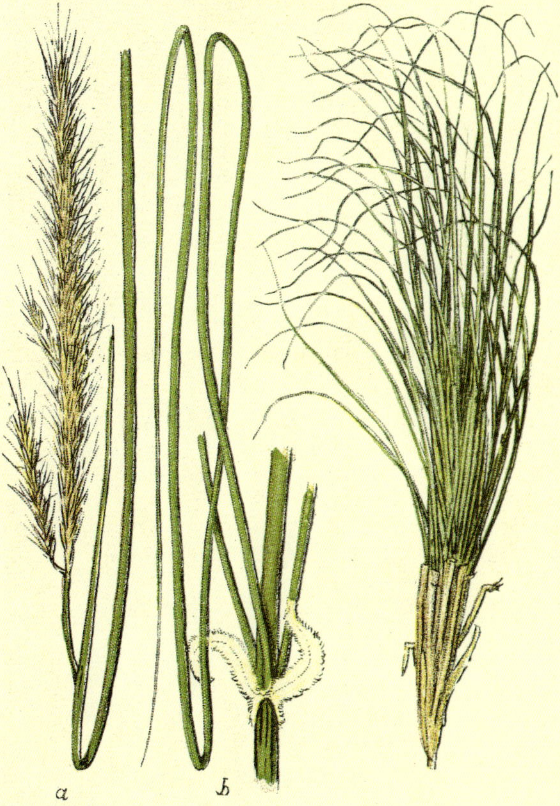


**Halfa.**

Stipa tenacissima.

— Graminées. —

ses feuilles pour en fabriquer du papier. Déjà, en 1863, l'Angleterre en importa d'Espagne près de 20 millions de kilos destinés à cet usage. Peu après commencèrent les exportations de l'Algérie et de la Tripolitaine. (Voir partie II pour les exportations.)

La France n'a commencé que tardivement à fabriquer du papier d'Halfa, recherché pour sa pureté, sa résistance et parce que, pour un même poids, il a plus d'épaisseur que tout autre papier. Sa fabrication nécessite certains produits chimiques d'un prix plus élevé en France qu'en Angleterre ; ce serait, affirme-t-on, cette cause qui aurait favorisé les industriels étrangers au détriment des nôtres.

Tout le monde sait que depuis longtemps les chiffons ne suffisent plus à produire les énormes quantités de papier dévorées par les journaux, les livres, etc. L'Halfa à son tour ne suffit plus et on a recours maintenant à tout ce qui renferme de la cellulose : paille, bois, jute, chanvre de Manille et ses déchets, etc., qui, convenablement traités, ne laissent soupçonner leur origine qu'au microscope et à la chimie.

En Algérie, la récolte de l'Halfa doit être faite à la main ou au bâtonnet à l'exclusion de tout instrument tranchant. Généralement on se sert du bâtonnet, morceau de bois long de 40 centimètres sur lequel l'halfatier (*espartero* en espagnol) enroule une poignée de feuilles mûres; puis il tire des deux mains jusqu'à ce que les feuilles sortent de leur gaine, ce qui, bien souvent, mutile la souche. Ce travail très fatigant est fait par des hommes indigènes ou par des Espagnols immigrés; les femmes et les enfants tirent brin par brin avec la main, protégée par de forts gants en cuir.

La planche 67 montre des Kabyles aux environs de Biskra procédant à la récolte dont nous venons de parler.

## 69-70. — JUTE.

De tous les concurrents du Chanvre — et ils sont assez nombreux — aucun n'a l'importance commerciale du Jute, dont cependant plus d'un de nos lecteurs ignore peut-être même le nom.

Il existe une trentaine d'espèces de Corchorus, dont deux seules nous intéressent : le *Corchorus capsularis* à fruits arrondis en forme de capsules, et dont une de nos planches montre une figure en couleur, et l'autre, le *Corchorus olitorius*, à fruits glabres et très allongés. Le rameau *a* de la planche 70 montre des fruits réduits de *capsularis; b*, une fleur de grandeur naturelle.

Les Corchorus sont connus et utilisés dans l'Inde depuis un temps immémorial; Babylone déjà recevait des tissus grossiers faits avec sa fibre; mais l'introduction en Europe de sa filasse ne remonte guère au delà de 1828, année où les statistiques anglaises en indiquent pour la première fois une importation d'environ 18.500 kilogrammes. Cette importation n'a fait que croître depuis, notamment en Écosse, où à Dundee de nombreuses usines convertissent en toile et en sacs le Jute que depuis 1857 seulement on file et tisse aussi à Calcutta, centre de son commerce.

Le développement des cultures du coton, du café, du riz, des céréales, etc., nécessita en effet des quantités de plus en considérables de sacs et de toile d'emballage que le chanvre, seul autrefois employé, fut bientôt impuissant à produire et dont aussi le prix élevé était un obstacle. C'est le Jute qui s'est substitué à lui pour les matières sèches, les seules auxquelles il puisse convenir.

Le *Corchorus capsularis* est une plante annuelle, atteignant en quelques mois deux mètres et demi à quatre mètres de hauteur quand il se trouve dans un sol riche (alluvion) et une atmosphère régulière, à la fois chaude et humide, et ne dépasse pas un mètre et demi quand cette chaleur humide lui fait défaut, comme en Égypte, où sa culture a été tentée mais bientôt abandonnée.

**Récolte du Jute.** (Indes anglaises.)

**Jute.**
Corchorus capsularis.
— Tiliacées. —

Il en existe de nombreuses variétés, la plus cultivée est celle à tige blanche.

On sème les graines habituellement de mars à fin juin pour récolter de fin juin au commencement d'octobre, dès que les fleurs apparaissent; la fibre de tiges non fleuries passe pour faible, celle des pieds montés à graine pour moins fine, mais plus forte. Aussitôt les tiges coupées, opération que montre la planche 69, on procède, comme pour le chanvre, à un rouissage dans l'eau, dont la durée varie entre 2 et 25 jours; on décortique à la main et finalement on sèche les fibres ainsi obtenues sur des perches exposées au soleil.

La seule région qui paraisse remplir les mêmes conditions de sol et de climat que le Bengale pour la culture du Jute est le sud de l'Indo-Chine et le Tonkin, où l'on a fait de louables efforts pour l'y introduire. Il faut espérer qu'ils réussiront à nous affranchir un jour du tribut de 30 à 35 millions de francs que chaque année nous payons à l'Inde pour cette filasse, et que notre colonie y suppléera.

Actuellement la culture du Jute est confinée presque uniquement au Bengale où elle couvre plus de 750.000 hectares, avec une production probable de plus de 800 millions de kilos de filasse. Son emploi principal consiste, nous l'avons dit, à fournir des sacs, appelés *gunny-bags*, dont l'Inde a fabriqué en 1889 pour ses propres besoins et pour l'exportation le nombre respectable de plus de 185 millions, expédiés dans tous les pays du monde. Ce nombre a sans doute progressé depuis de moitié et doit être complété par les quantités fabriquées en Europe et aux États-Unis.

Mais le Jute trouve encore d'autres usages. On en fait des tissus pour ameublement, des tapis, du velours, des tresses, des semelles, de la passementerie, des rubans, des lacets, etc. Les qualités inférieures servent à faire des cordes. Les déchets servent à faire du papier d'emballage.

Il faut seulement éviter de mettre le Jute en contact avec des matières humides, encore moins à l'employer pour des cordages exposés à l'eau, car il n'y résiste pas.

Le nom de Jute est une corruption d'une des désignations indigènes dans l'Inde.

Voir partie II la statistique commerciale.

## SANSEVIERIA.

Le genre Sansevieria se compose de 11 espèces, toutes africaines, sauf celle que représente notre planche et qui est indigène à Ceylan et dans l'Inde méridionale, où elle est utilisée depuis un temps immémorial.

Ces plantes n'ont qu'une tige souterraine (rhizome) épaisse et courte, avec des ramifications plus ou moins nombreuses suivant les espèces. Les feuilles varient entre 1/2 et 2 mètres de longueur; leur forme est habituellement celle d'une gouttière, sauf dans *Sansevieria cylindrica,* une des plus répandues et qui a des feuilles cylindriques cannelées.

On en retire une fibre par des procédés analogues à ceux employés pour les Agaves et le Fourcroya, dont ils partagent les emplois : cordages, nattes, etc. Ces fibres sont assez recherchées; néanmoins, des essais de culture tentés avec diverses espèces africaines, préférées à celle de Ceylan parce qu'elles fournissent des fibres plus longues, n'ont pas donné jusqu'ici de bons résultats. On se contente donc d'exploiter les Sansevieria croissant à l'état naturel et qui, dans l'Afrique orientale, couvrent souvent des surfaces de plusieurs kilomètres carrés à l'exclusion de toute autre forme végétale.

Aucun chiffre sur leur commerce ne nous est connu.

## 72. — RAMIE ou ORTIE DE CHINE.

Plante vivace ressemblant à nos Orties, moins les poils urticants, croissant à l'état sauvage en Chine, en Cochinchine, au Japon et aux Philippines, cultivée dans ces pays et dans les îles de la Sonde. La culture très lucrative en a aussi été tentée dans le Midi de la France, en Algérie, en Égypte,

**Feuilles textiles.**

**Sansevieria.**

Sansevieria Zeylanica.

— LILIACÉES. —

## Tiges textiles.

**Ramie.**

Bœhmeria nivea.

— Urticacées. —

aux États-Unis, etc., avec des résultats en général peu satisfaisants ailleurs qu'aux tropiques.

Le nom de *nivea* lui vient du dessous blanchâtre des feuilles de la principale variété.

La souche émet, plusieurs fois par an, 10 à 20 tiges droites de un à deux mètres de hauteur, de la grosseur d'un crayon; l'épaisseur de la fibre et de l'écorce réunies n'atteint guère un demi-millimètre. Les fleurs mâles (fig. *a* et *b* de la planche) et femelles (fig. *c* et *d*) sont séparées et forment des chatons plus ou moins denses.

Quand la floraison touche à sa fin et que les feuilles au moindre attouchement commencent à tomber, le moment est venu de couper les tiges pour en retirer les fibres jaunâtres qui s'en détachent en lanières très minces de un demi centimètre de largeur, forme sous laquelle elles sont mises dans le commerce. Pour en retirer la partie utilisable, ces filaments ont à subir diverses préparations. Dans le commerce anglais, cette fibre est appelée *China-grass,* dénomination qui a amené bien des confusions.

La Ramie est un des meilleurs textiles; elle a le brillant de la soie avec plus de résistance que celle-ci, le chanvre et le lin. Aussi, en raison de cette qualité, l'a-t-on substituée quelquefois au cuir dans les courroies à transmission, ce qui permet de donner à celles-ci une longueur trois fois moindre pour une solidité égale.

La Ramie sert principalement à faire des tissus dont la finesse dépasse celle des toiles de lin les plus fines, avec du brillant et une grande transparence en plus. On la mélange aussi avec de la soie, mais elle se teint moins bien que cette dernière.

Importations en 1899 :

France : 332.000 kilos, presque tout de Chine, à peine 2.500 d'Algérie.

Les statistiques allemandes et anglaises ne détaillent pas ce produit.

## HENEQUEN.

*Chanvre de Sisal, Chanvre du Yucatan.*

La plus grande confusion règne dans le public au sujet des fibres textiles, succédanées du Chanvre, répandues sous tant de noms différents qu'il n'est effectivement pas facile de s'y reconnaître.

Le Henequen est le nom donné au Mexique à l'*Agave rigida,* plante sans tige apparente, à feuilles nombreuses, rigides quoique peu épaisses, disposées en rosette et longues d'environ un mètre, sur 5 à 8 centimètres de large, bordées de dents courtes et terminées par une longue pointe piquante. Il en existe de nombreuses variétés, dont l'une nommée *sisalana* a des feuilles dépourvues de dents. Les fleurs sont produites au sommet d'une hampe s'élevant à 5 mètres et plus; la plante meurt après la fructification; son âge moyen est de quinze ans. Ces Agaves sont cultivées en grand au Mexique, principalement dans le Yucatan, ainsi qu'aux îles Bahama.

Elles sont d'une rusticité extraordinaire; on en a vu couchées sur le sol et exposées au soleil pendant trois mois, croître avec vigueur aussitôt replantées. Aucun champignon, aucun insecte ne les attaque, même pas les criquets qui cependant dévastent tout. Elles supportent onze mois de sécheresse dans l'année et ne craignent pas les changements brusques de température.

La récolte des feuilles est faite par les indigènes à l'aide d'un coutelas, le *machete;* un homme peut couper 2.000 à 2.500 feuilles par jour. Des femmes enlèvent ensuite les dents et les pointes terminales; puis on réunit les feuilles par bottes et les dirige sur l'usine où des machines les broyent et en extraient les fibres blanches et brillantes qu'on n'a plus qu'à sécher.

Au Yucatan, près de 50.000 hectares de terrain sont affectés à cette culture, répartis entre 200 domaines et occupant 12.000 indigènes. On plante en moyenne 1.600 Agaves à l'hectare, fournissant environ 33 feuilles chacune, dont 1.000 rendent 22 à 32 kilos de fibres, soit un rendement

**Henequen.** — Agave rigida.

— Amaryllidées. —

Écorce textile.

**Mûrier à papier.**

Broussonetia papyrifera.

— Moracées. —

moyen de 1.350 kilos de fibres à l'hectare. On peut récolter au bout de la quatrième année.

Il n'est pas possible de donner des chiffres précis sur le commerce du Henequen, les statistiques d'importation du Mexique confondant sous une même rubrique ce produit, le Tampico, etc. Mais la production en doit dépasser une valeur de 15 millions de francs.

Le Henequen sert à faire des nattes, des tapis, des cordes très résistantes. Il a l'avantage sur le Chanvre d'être plus flexible et de ne pas durcir à l'eau.

Voir *Tampico*, partie II.

## 74. — MURIER A PAPIER.

Arbre de 10 à 12 mètres de hauteur, à feuilles cotonneuses de forme variable, c'est-à-dire entières ou incisées, à fleurs mâles (pl. 74, fig. *a*) séparées des fleurs femelles; les premières sont réunies en chatons pendants, les dernières forment des agglomérations serrées, hérissées de poils donnant naissance à des fruits charnus et douceâtres mangés par les oiseaux.

Le Mûrier à papier, de même que le Mûrier blanc indispensable à l'élevage des vers à soie, paraît être indigène en Chine. On le trouve abondamment aussi au Japon, au Siam, en Birmanie, à Formose, en Malaisie et en Polynésie, ainsi que dans nos cultures européennes, mais alors au point de vue décoratif seulement.

Dans les contrées qui viennent d'être citées, on emploie la fibre retirée de l'écorce à faire des tissus et du papier; en Birmanie on en fait du papier mâché. Au Japon, l'arbre porte le nom de *Kozo;* sa fibre mélangée à de la soie ou du chanvre sert à tisser des étoffes; elle fournit un papier très employé, fabriqué également en Chine où cependant on en fait principalement avec du Bambou (voir page 95).

Deux autres plantes, toutes les deux de la famille des Thyméléacées, l'*Edgeworthia papyrifera,* appelée *Mitsumata* en japonais, et le *Wikstrœmia canescens* ou *Ganpi* dans cette langue, fournissent également un appoint considérable à la fabrication des papiers du Japon. La première est cultivée pour cela, le Ganpi rarement; on le trouve suffisamment à l'état sauvage.

Le prix très élevé des papiers du Japon, recherchés pour les impressions de luxe, a fait naître une concurrence en Europe, sous le nom de *Papier simili–Japon*, également de bonne qualité et très résistant. Il a servi entre autres au tirage de la carte du Ministère de l'Intérieur, bien connue, que beaucoup de touristes préfèrent à la carte de l'Etat-Major parce que le papier ne déchire pas facilement.

Ce Simili–Japon est fabriqué avec de la cellulose de Sapin ou d'Epicéa traitée d'une façon spéciale.

En 1899, il a été importé directement du Japon :

| | | |
|---|---|---|
| En France . . . . . | 45.000 | kilos de papier. |
| En Allemagne. . . . | 21.000 | — — |
| En Grande-Bretagne. | 223.000 | — — |

## 75. — SUMAC FAUX-VERNIS.

Arbre de 8 à 10 mètres de hauteur, à feuilles persistantes, à petites fleurs (pl. 75, fig. *a*), à fruits également petits, indigène au Japon, à Formose, en Chine, et dans la région tempérée de l'Himalaya, entre 600 et 2.400 mètres d'altitude.

Les fruits, ainsi que ceux de quelques autres Sumacs, renferment une matière grasse connue sous le nom de *Cire végétale*, que l'on obtient en écrasant ces fruits et en les faisant bouillir dans de l'eau; la cire fond, surnage, est retirée puis refondue plusieurs fois, jusqu'à ce qu'elle soit bien pure, et finalement coulée dans des moules. Ces fruits donnent environ 25 °/₀ d'une cire bleu verdâtre à l'état brut, jaune pâle après avoir été blanchie; elle prend à la longue une coloration plus intense jusqu'à devenir brune et se couvre d'un givre blanc. Odeur et saveur sont résineuses et rappellent un peu le suif rance; la dureté est celle de la cire animale.

De toutes les cires végétales, c'est une des plus employées, notamment pour la fabrication des allumettes bougies.

Cire obtenue des fruits.

**Sumac faux-vernis.**

Rhus succedanea.

— Anacardiacées. —

**Résine découlant du tronc.**

**Copalier.**

Trachylobium mossambicense.

— LÉGUMINEUSES. —

Les provinces de Ceara, Pernambouc et Rio-Grande au Brésil produisent des quantités considérables d'une cire végétale appelée **Carnauba**, fournie par les feuilles d'un Palmier, le *Copernicia cerifera*. Les jeunes feuilles, coupées avec précaution, sont séchées puis couchées par terre, la face inférieure retournée au-dessus, afin que la cire ne s'échappe pas, ensuite portées en tas à côté d'une toile et battues au-dessus de celle-ci, une à une, avec un bâton pour faire tomber la cire que la toile reçoit en poudre grisâtre. Cette poussière est recueillie, mise dans des chaudières, puis fondue et coulée en moules. Une feuille fournit environ 7 grammes de cire.

Le Carnauba, la plus dure des cires végétales, n'a ni odeur, ni saveur; il sert à faire des bougies, du vernis, du cirage, etc.

Voir partie II la statistique.

## 76. — COPALIER.

Gros arbre de 20 à 30 mètres de hauteur, à branches très étendues, à belles fleurs rougeâtres, à fruits allongés verruqueux et durs renfermant 1 à 3 graines, indigène sur la côte orientale d'Afrique : Zanzibar, Mozambique et à Madagascar, toujours non loin de la mer et formant souvent des massifs assez denses.

Les branches de cet arbre, et le tronc jusqu'aux racines, sont quelquefois abondamment couverts d'une couche de résine claire et transparente, durcissant vite à l'air. C'est du *Copal;* on le recueille et le vend sous le nom de *Copal de Zanzibar en larmes* ou *blanc.*

On trouve aussi du Copal sous terre dans le voisinage de ces arbres amenés là par suite de la pourriture d'un tronc et que des fourmis ont fini par décomposer et couvrir de terre, etc. Cette résine n'a pu longtemps être enfouie sous terre, car elle est peu dure.

La sorte la plus dure et la plus estimée est celle que l'on trouve enfouie *loin de tout Copalier* et qui a dû séjourner en terre un temps considérable, à en juger d'après la croûte non transparente qui le recouvre. La question de son origine, longtemps controversée, paraît résolue aujourd'hui; on admet que ce Copal est une résine fossile tout comme l'ambre jaune dont il a la dureté; comme celui-ci il dégage de l'électricité quand on le frotte et il peut être employé aux mêmes usages. Comme dans l'ambre, on y trouve aussi des insectes.

La récolte est opérée par les indigènes quand les pluies ont assez ramolli la terre pour que celle-ci puisse être remuée avec des outils.

Il y a encore d'autres sortes de Copal provenant du Brésil, de la Malaisie, de l'Australie. Le Copalier existe aussi à la Réunion, il n'y est pas productif. Mais c'est l'Afrique, principalement la côte de Zanzibar et de Mozambique, ainsi que Madagascar, qui fournissent ces produits dont l'industrie des vernis fait un usage régulier.

Des chiffres d'ensemble sur l'importance de ce commerce ne nous sont pas connus; en 1894 l'Afrique orientale allemande a exporté 165.000 kilos de Copal, dont le prix varie entre 1 fr. 25 et 3 francs, le fossile bien clair et nettoyé jusqu'à 6 et 8 francs le kilo. Ce dernier sert à faire les vernis fins pour la carrosserie.

## 77. — ACACIA SÉNÉGAL.

Petit arbre de 5 à 6 mètres de hauteur, à tronc tortueux, à rameaux pâles, répandu dans toute l'Afrique tropicale, mais principalement au Sénégal, reconnaissable à ses *épis cylindriques,* longs de 5 à 7 centimètres, composés de nombreuses fleurs sans odeur, d'un *jaune très pâle, presque blanches* (les épis de la pl. 77 sont un peu trop colorés), tandis que presque toutes les autres espèces d'Acacia ont des fleurs agglomérées en boule d'un jaune vif. Le fruit est une gousse plate de 7 à 10 centimètres de longueur sur 2 à 2 1/2 de largeur et renferme 5 à 7 graines très comprimées (fig. *b*).

Cet arbre laisse exsuder du tronc et des grosses branches une gomme que l'on continue à appeler gomme arabique parce que sa principale provenance était autrefois l'Arabie.

Gomme découlant du tronc.

**Acacia Sénégal.**

Acacia Vereck.

— Légumineuses. —

**Écorce saponifère.**

**Quillaja à savon. — Bois de Panama.**

Quillaja saponaria.

— Rosacées. —

Déjà du temps des Pharaons les Egyptiens l'utilisaient pour donner de l'adhérence aux couleurs ; ils la nommaient *Kami en punt,* ce qui signifie gomme du pays de Punt par lequel on entendait la côte Sud de l'Arabie et la région nommée actuellement côte des Somalis. Kami est devenu *Kommi* en grec, *Gummi* en allemand, dont les noms français et anglais de *gomme* et *gum* ne s'écartent pas beaucoup.

Mais depuis longtemps l'Arabie ne fournit plus guère ce produit, même l'Afrique orientale (Kordofan, Sennaar, Somali, Souakim) ne peut plus guère rivaliser avec les énormes quantités qu'exporte le Sénégal dont c'est un des principaux articles de commerce depuis environ 75 ans.

Au moment de la saison des pluies, les gommiers sont pleins de sève, mais sous l'influence de la période de vents secs et chauds qui suit, l'écorce se dessèche, se crevasse, ce qui facilite l'écoulement de la gomme; quelquefois les indigènes l'activent encore en incisant les troncs.

L'exsudation est la plus active de janvier en mars, quand les arbres sont en fleurs et encore dépourvus de feuilles; elle cesse en avril avec l'apparition de celles-ci. Le Gommier rapporte depuis la huitième jusqu'à la quarantième année. Ce rapport est très variable d'une année à l'autre, ce qui explique les irrégularités dans les exportations.

La description des diverses sortes se trouve dans tous les ouvrages de matière médicale; les emplois de la gomme sont bien connus.

Voir partie II la statistique.

## 78. — QUILLAJA A SAVON.

Arbre de 15 à 20 mètres de hauteur, à feuilles persistantes, à fleurs blanches ou jaune pâle (pl. 78, fig. *a*), à fruits en étoile, composés de 5 gousses s'ouvrant par deux fentes longitudinales, répandu au Chili et au Pérou.

L'écorce extérieure assez épaisse, crevassée et brune, couvre une deuxième couche fibreuse, d'un blanc sale, que l'on enlève par plaques longues de plusieurs mètres sur 10 à

15 centimètres de large et 6 à 8 millimètres d'épaisseur. Débarrassée de l'écorce extérieure, cette deuxième couche constitue ce que l'on appelle le *Bois de Panama* qui possède la propriété de mousser dans l'eau comme du savon.

L'odeur en est nulle, la saveur d'abord douce devient âcre au bout de peu de temps. La poussière cristalline qui s'échappe de cette écorce quand on la casse est très irritante et fait éternuer.

Le Bois de Panama sert quelquefois en médecine, mais principalement à nettoyer et dégraisser des étoffes de laine et de soie. Toutes nos ménagères l'emploient. Les chiffres d'importation, qui doivent être assez considérables, ne nous sont pas connus.

## 79 à 82. — ARBRES A CAOUTCHOUC.

Le caoutchouc est une substance contenue dans le *latex* ou suc laiteux qui s'écoule d'incisions faites dans le tronc de divers arbres des régions tropicales. De très nombreuses plantes peuvent en fournir et la liste des espèces utilisables est loin d'être close ; on en connaît déjà environ 80 espèces et de tous côtés on en cherche de nouvelles pour les besoins de l'industrie, car rien d'autre ne peut remplacer le caoutchouc. Nous devons nous borner ici à un simple résumé.

Voici les principales sortes exploitées :

| | | |
|---|---|---|
| Caoutchouc | de Para, obtenu avec des Hevea ;<br>de Ceara, obtenu avec le Manihot Glaziovii ; | de la famille des **Euphorbiacées**. |
| | africain, obtenu avec divers Landolphia ;<br>de Lagos, obtenu avec divers Kickxia ;<br>de Mangebeira, obtenu avec le Hancornia speciosa ; | **Apocynacées**. |
| | de l'Amérique centrale, obtenu avec le Castilloa elastica ;<br>d'Assam et de Rangoon, obtenu avec le Ficus elastica ; | **Artocarpées**. |

Caoutchouc découlant du tronc.

**Caoutchouquier du Para.**

Hevea brasiliensis.

— Euphorbiacées. —

**Caoutchouc découlant du tronc.**

a

**Caoutchouquier de Panama.**

Castilloa elastica.

— Artocarpacées. —

Les Hevea sont des arbres variables de taille suivant les espèces dont plusieurs sont exploitées; la plus connue, l'**Hevea brasiliensis** (pl. 79) atteint une hauteur de 18 à 24 mètres; peu d'autres la dépassent. Cet Hevea, de même que les autres espèces de ce genre, a des feuilles composées de 3 folioles; les fleurs sont petites; les mâles (fig. *a*) séparées des femelles (fig. *b*); le fruit (fig. *c*) est une capsule à 3 loges renfermant chacune une grosse graine oblongue, tigrée comme celle du Ricin. Ces fruits s'ouvrent avec un certain bruit sous l'influence de la chaleur solaire et lancent au loin les graines qui renferment, dit-on, une huile analogue à celle du lin.

Les Hevea abondants, quoique dispersés, dans les forêts humides du bassin de l'Amazone se trouvent, non seulement au Brésil, mais encore dans les Guyanes, le Venézuela, la Colombie, l'Équateur, le Pérou oriental et en Bolivie dont la superficie réunie équivaut à celle de l'Europe.

Primitivement on n'exploitait que les arbres voisins de l'embouchure de l'Amazone; actuellement le commerce intérieur de caoutchouc de cette immense région est concentré à Manaos, ville située au confluent du Rio Negro et de l'Amazone, à 1.600 kilomètres de Para, son principal port d'exportation. Ce port a expédié, en 1897-98, environ 22 millions de caoutchouc brut, contre 10 millions en 1882-83. Pour obtenir le total de la production en caoutchouc d'Hevea, il faut y ajouter à peu près un dixième provenant des autres pays susnommés.

Depuis 25 ans, on a essayé la culture des Hevea à Ceylan, d'où elle s'est répandue dans la Birmanie anglaise et la presqu'île de Malacca et plus récemment en Afrique, mais sans résultats notables, du moins jusqu'à présent. La quantité et la qualité du caoutchouc récolté sur les Hevea paraît diminuer à mesure que les arbres s'éloignent, même de peu, des régions subissant des inondations régulières ou gorgées d'eau, comme c'est le cas dans le Bas-Amazone, quoiqu'ils poussent bien aussi ailleurs.

Le deuxième groupe important au point de vue de la production est celui des **Landolphia** répandus en Afrique entre

16° latitude Nord et 23° latitude Sud. Ce sont des lianes auxquelles il faut des arbres supports où elles puissent grimper. On en connaît déjà plus de 20 espèces caoutchouquières dont l'une, le *Landolphia Heudelotii,* figuré sur la pl. 81, est très abondant au Sénégal. Il forme souvent des buissons arrondis très touffus, hauts de 3 à 8 mètres, d'où s'élancent des rameaux sur les arbres voisins, parfois à 15 et 20 mètres de hauteur. Ses fleurs (fig. *a*) répandent au loin une odeur agréable ; les fruits, couleur abricot, d'abord allongés puis sphériques, varient comme taille entre celle d'une cerise et celle d'une orange.

Pendant longtemps les Landolphia fournissaient seules presque tout le caoutchouc africain ; depuis quelques années seulement on a beaucoup vanté et exploité dans le même but diverses espèces de *Kickxia,* arbres très répandus dans les mêmes régions ; mais on est peu d'accord sur la valenr du produit de certaines espèces dont les unes fournissent du bon caoutchouc, tandis que celui obtenu avec d'autres serait absolument inutilisable dans l'industrie.

Au troisième rang, mais bien après les deux précédents, arrive le **Castilloa elastica** (pl. 80), arbre de 12 à 25 mètres de hauteur, très répandu au sud du Mexique, dans le Nicaragua, le Guatémala, le Honduras, au Costa-Rica, ainsi que les régions voisines, non moins que dans la partie Nord de l'Amérique méridionale. Les feuilles sont longues de 15 à 30 centimètres, les fleurs mâles et femelles forment des agglomérations distinctes ; les fruits (fig. *a*), larges de 3 à 5 centimètres, également agglomérés, renferment une matière grasse et sont mangés par les singes et les perroquets.

Le Castilloa elastica a été exploité de façon si barbare que la production du caoutchouc de l'Amérique centrale a subi une très forte diminution depuis une vingtaine d'années. Mais la culture de cet arbre aurait un grand avenir, parce qu'on peut le planter partout où réussissent les cacaoyers et qu'il peut en même temps servir d'abri à ces derniers dès qu'il a atteint une hauteur suffisante.

Un autre Caoutchouquier des régions chaudes et sèches du Brésil oriental, le **Manihot Glaziovii** (proche parent du Ma-

**Caoutchouc découlant des tiges.**

**Liane à caoutchouc.**

Landolphia Heudelotii.

— APOCYNACÉES. —

**Fumigation du caoutchouc.** (Brésil.)

nioc, voir page et pl. 13), arbre de 8 à 15 mètres de hauteur, fournit le Caoutchouc de Ceara, province qui lui donne son nom, mais en quantités relativement faibles quoique de qualité presque aussi estimée que celle de Para.

Il faut aussi citer le *Hancornia speciosa,* autre arbre de 5 à 7 mètres de hauteur, du Brésil, où il est exploité dans les provinces de Bahia et de Pernambouc, mais qui se trouve aussi dans celles de S. Paulo et Minas Geraes. Il fournit le caoutchouc appelé *Mangebeira.*

Parmi les Caoutchouquiers de l'Asie, une des nombreuses espèces de Ficus, le *Ficus elastica* (le même que celui qu'en Europe on cultive dans les appartements), fournit le caoutchouc d'Assam, de Birmanie, de Singapore et une grande partie de celui des Indes néerlandaises. Dans ces pays, il devient un gros arbre.

Nous devons arrêter ici nos descriptions, empruntées en grande partie à un ouvrage du professeur Warburg, afin de pouvoir donner encore quelques renseignements sur la récolte et la préparation du produit.

Le caoutchouc tire son nom de *cahuchu,* appellation des Indiens de l'Amérique du Sud, qui depuis très longtemps en font usage et en façonnent des récipients et même des souliers, etc.

Les procédés de récolte et de préparation consistent à entailler les arbres ou les lianes, à recueillir le suc laiteux qui s'écoule de la blessure faite, et ensuite à le faire coaguler. Ceci se fait le plus souvent au-dessus d'un feu donnant beaucoup de fumée (pl. 82). Finalement, on met en boules, en plaques, en pains, en bandes, en saucisses ou autres formes, suivant les usages de la région qui l'exporte ainsi dans les pays industriels pour le purifier et le transformer.

On pourrait s'étendre longuement sur toutes ces opérations dont dépend en partie la pureté et la qualité du caoutchouc brut. La place nous oblige à raccourcir.

Le caoutchouc trouve de nombreuses applications que tout le monde connaît et sur lesquelles il est superflu d'insister. Rappelons seulement, à titre de curiosité, que jusqu'à la fin du XVIII^e siècle, ce produit, nommé aussi *gomme élastique,* servait presque uniquement à effacer la mine de plomb de nos crayons. Depuis lors, les emplois du caoutchouc se sont beaucoup multipliés, surtout après l'invention du caoutchouc vulcanisé, en 1840, qui a permis de nombreux usages nouveaux.

Le *caoutchouc vulcanisé* est une combinaison de caoutchouc et de soufre; il sert à faire une foule d'objets : des chaussures et des vêtements imperméables, des objets de toilette et de chirurgie, etc.; l'*ébonite* ou caoutchouc vulcanisé durci, connu depuis 1851, s'emploie à faire des peignes, des brosses et divers instruments d'optique et de physique.

Voir partie II la statistique commerciale.

## 83. — ARBRE A GUTTA.

Arbre de 18 à 24 mètres de hauteur, à tronc très droit et cylindrique, à grandes feuilles coriaces, à fleurs petites (pl. 83, fig. *a* agrandie), disposées en faisceaux à l'aisselle des feuilles, à fruits ovoïdes, charnus, longs de 30 à 35 millimètres sur 25 à 30 de large, renfermant quelques graines, autrefois abondant au Sud de la presqu'île de Malacca, aujourd'hui à peu près disparu, un grand nombre de ces arbres ayant été abattus pour l'extraction du suc laiteux (latex), appelé Gutta-percha, mot tiré du Malais.

La Gutta-percha diffère chimiquement peu du caoutchouc et s'en distingue beaucoup plus par ses propriétés physiques. La Gutta trempée dans de l'eau chaude à 65° se ramollit et se laisse pétrir et étirer pour prendre toutes les formes qu'on veut lui donner; en se refroidissant elle durcit et garde ces formes, mais sans devenir cassante. Le caoutchouc au contraire, mis dans l'eau chaude, ne se ramollit pas et conserve son élasticité première. L'eau n'est pas indispensable; de l'air suffisamment chaud produit sur la Gutta un même effet.

En 1847, Werner von Siemens trouva la première application de cette particularité en construisant une machine destinée à revêtir d'une façon continue avec cette Gutta des fils métalliques pour la télégraphie souterraine. Le procédé a été peu modifié et aujourd'hui encore les câbles sous-marins

Gutta-Fercha découlant du tronc.

**Arbre à Gutta.**

Palaquium Gutta.

— Sapotacées. —

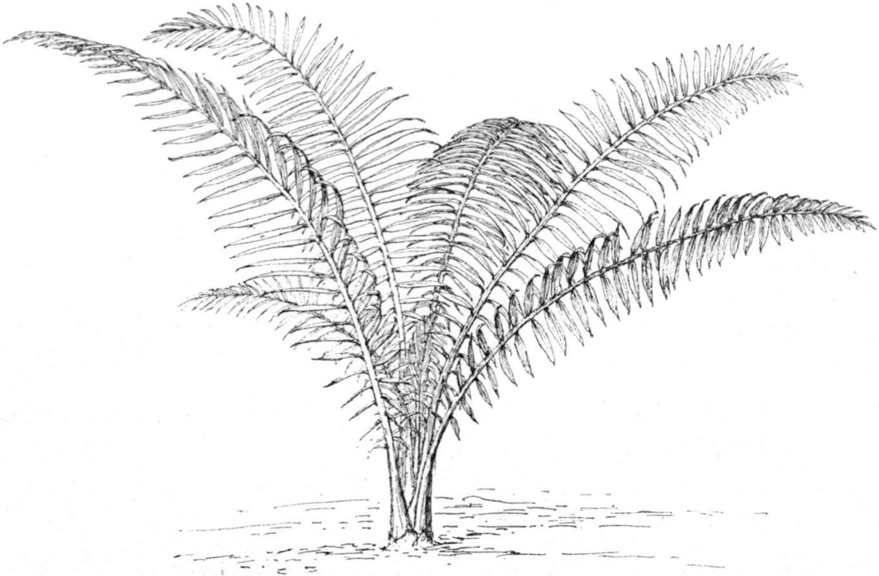

**Palmier à ivoire végétal.** — Phytelephas microcarpa.

sont revêtus ainsi avec cette matière isolante. On peut dire que sans Gutta la télégraphie sous-marine n'existerait pas, aucun autre produit ne pouvant la remplacer.

L'aire de dispersion des vrais arbres à Gutta-percha est très restreinte, quoique la famille des Sapotacées, à laquelle ils appartiennent tous, soit représentée dans toutes les régions tropicales. On ne trouve la Gutta-percha qu'entre les 97° et 119° de longitude Est et le 6° de latitude Nord et Sud, c'est-à-dire dans le Sud de la presqu'île de Malacca, dans l'île de Singapore et dans une partie de celles de Sumatra et de Bornéo.

Mais comme on a dévasté des forêts entières de ces arbres en coupant les troncs au lieu de les inciser pour en retirer le latex, comme on le fait pour ceux à caoutchouc, et que les plantations tentées de divers côtés n'ont encore donné que fort peu de résultats, la production du Gutta de bonne qualité ne répond pas aux exigences de l'industrie. Aussi l'écart de prix entre les diverses qualités est-il très considérable et varie-t-il dans la proportion de 1 à 4.

Le commerce de Gutta-percha est centralisé à Singapore, qui de 1844 à 1896 en a exporté 82.600 tonnes de 1.015 kilos, dont 30.750 dans les 12 années de 1885-96. La Grande-Bretagne, à elle seule, a absorbé 23.500 tonnes de ce dernier chiffre, soit pour plus de 95 millions de francs. Il est vrai que c'est elle qui détient les principaux câbles sous-marins.

Le seul succédané connu de Gutta-percha et méritant ce nom est le **Balata**, latex coagulé d'un arbre appartenant également à la famille des Sapotacées répandu dans les trois Guyanes, au Vénézuela et à la Jamaïque.

En 1896, la Guyane hollandaise en a exporté 126.000 kilos.
— — anglaise — 72.000 —

## 84-85. — COROZO ou IVOIRE VÉGÉTAL.

Ce Corozo est le produit d'une partie du fruit de certains palmiers, principalement des *Phytelephas microcarpa* et *macrocarpa*, très répandus dans les régions comprises entre le

Nord du Pérou et l'isthme de Panama, notamment en Colombie et dans la République de l'Equateur, au bord du fleuve Magdalena et de ses affluents, ainsi qu'au Brésil.

Le tronc de ces arbres, très court, est couronné par 8 à 15 majestueuses feuilles, profondément divisées, longues de 5 à 6 mètres sur 2 de largeur. Il porte 6 à 8 faisceaux de fleurs blanches, à forte odeur d'amande, donnant naissance à autant d'agglomérations de fruits, divisés en plusieurs compartiments renfermant chacun une graine ou noix. Chaque noix (pl. 85, fig. *A*) est entourée d'une enveloppe ou coque assez épaisse (détachée à demi dans la fig. *B*); la partie interne ou albumen (fig. *C*), d'abord liquide, durcit à la longue pour acquérir finalement la dureté, la blancheur et l'aspect de l'ivoire animal, propriétés auxquelles ces palmiers doivent leur nom scientifique.

Quand les fruits sont mûrs, ils tombent et pourrissent, seuls les noyaux subsistent; les indigènes les ramassent alors et les livrent aux commerçants. Ces noix avec leur coque pèsent de 20 à 100 grammes. On les importe sous cette forme. Leur albumen durci sert, depuis environ 40 ans, à confectionner de menus objets en simili-ivoire, mais principalement des boutons pour vêtements. Etant de nature très homogène, se travaillant très bien au tour après avoir été trempé dans l'eau (moins bien au couteau), prenant facilement toutes les teintes, le Corozo, quoique dépendant des fantaisies de la mode, est devenu un article de grande consommation.

Depuis 1875, on a importé en Europe des fruits de divers autres palmiers de la Polynésie (îles Salomon et Carolines), connus dans le commerce sous le nom impropre de *Pommes de Tahiti*, cette île n'en produisant pas; ils sont beaucoup plus gros que les noix de Corozo et servent aux mêmes usages. Les figures *D* à *F* de la planche 85 montrent ces pommes sous divers aspects. Leurs dimensions ont permis de créer les grands boutons pour manteaux de dames, mais les arrivages en sont restreints. Ces fruits sont souvent récoltés avec un commencement de germination, ce qui en diminue considérablement la valeur. On pourrait les utiliser avantageusement à faire des dominos, des dés, des figures à échecs, des pions pour damiers, des porte-allumettes, etc.

**Fruits employés à faire des boutons.**

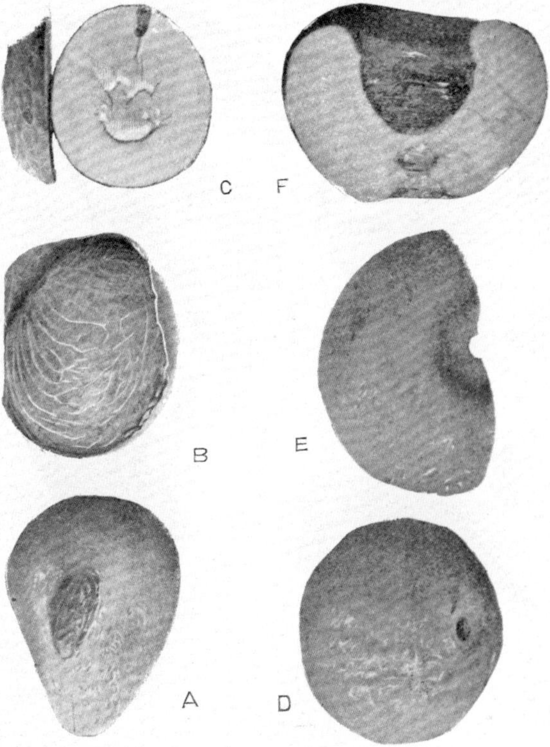


**A** à **C.** — **Noix de Corozo.** **D** à **F.** — **Pommes de Tahiti.**

*Demi-grandeur naturelle.*

Résine obtenue du tronc.

**Aliboufier Benzoin.**

Styrax Benzoin.

— STYRACÉES. —

La France importe annuellement environ 1 million 1/2 de kilos des divers fruits à Corozo, l'Allemagne 10 à 12, la Grande-Bretagne à peine 1 million, provenant tous de l'Equateur, de la Colombie et du Brésil. Les Pommes dites de Tahiti n'ont leur marché qu'à Hambourg.

Malgré la similitude de ces dénominations, la distinction entre les ivoires animal et végétal est facile à faire, même à l'œil nu.

Citons encore en passant les fruits d'un autre palmier, le *Cocos lapidea,* du Brésil, à coque dure et épaisse ressemblant à du buis, mais plus coloré. On les utilise à faire ces chapelets à gros grains vendus comme provenant de la Palestine.

## 86. — ALIBOUFIER BENZOIN.

Petit arbre à feuilles blanches et soyeuses en dessous, à fleurs nombreuses (pl. 86, fig. *a*), à fruits charnus, indigène à Sumatra, Java, Bornéo, en Indo-Chine, au Siam et cultivé dans les mêmes régions.

On le reproduit de graines; sa croissance est très rapide, car, en 5-6 ans, son diamètre peut atteindre 15 à 20 centimètres. Dès qu'il arrive à cette grosseur, on pratique des incisions sur le tronc, par lesquelles s'écoule bientôt une résine épaisse et blanchâtre, se solidifiant et durcissant rapidement à l'air, et que l'on enlève avec précaution à l'aide d'un couteau. Pendant 10-12 ans, on peut récolter chaque année environ 1 kilo 1/2 de résine sur l'arbre qui, ensuite, est abattu. La récolte des premières années fournit le *Benjoin amygdaloïde* formé de larmes blanches empâtées dans une masse rougeâtre, à cassures inégales et écailleuses; c'est le plus estimé; les autres récoltes donnent un produit brunâtre inférieur, à peu près dépourvu de larmes et renfermant des débris d'écorce et autres impuretés; on le désigne dans le commerce sous le nom de *Benjoin commun* ou *en sorte*.

Le Benjoin répand une odeur balsamique fort agréable, ressemblant dans les bonnes sortes à celle de la vanille; il contient, du reste, 1 °/₀ de vanilline; l'odeur est forte et irritante quand on le chauffe.

Les pharmaciens en mélangent avec de l'axonge pour empêcher celle-ci de rancir ; les parfumeurs le font entrer dans la composition de divers parfums et de certaines eaux de toilette. Enfin, il sert à fabriquer les *Pastilles du sérail* que les Orientaux offrent partout, dans les rues. C'est sans doute à cet usage que sont destinées les quantités considérables que nous exportons au Nord de l'Afrique.

Les Bouddhistes importent beaucoup de Benjoin et le brû lent comme encens.

Importations de 1899 en France pour la consommation :

70.000 kilos dont
- 41.000 de l'Indo-Chine;
- 12.000 des Indes anglaises;
- 12.000 de la Grande-Bretagne;
- 5.000 d'origine non précisée.

En plus nos exportations se sont élevées à 94.000 kilos, dont 64.000 en Algérie, Tunisie, au Maroc ; le reste en Allemagne, en Russie, etc.

## 87. — GOMME GUTTE.

Petit arbre à feuilles persistantes, à fleurs petites, à fruits de la grosseur d'une cerise, renfermant quatre graines, répandu dans les jungles du Siam et du Cambodge et cultivé dans les mêmes pays.

On retire de cet arbre un suc jaunâtre que l'on obtient en pratiquant autour de la moitié du tronc des entailles par où s'écoule le suc, recueilli dans des tubes en bambou attachés au tronc. L'écoulement se fait lentement, mais produit assez de liquide pour remplir en quelques mois trois tubes longs de 50 centimètres sur 4 ou 5 de large.

Ce latex est épais et gluant en coulant; il durcit dans les tubes que l'on sèche près d'un feu, et sort de ceux-ci sous forme de bâtons cylindriques exportés principalement par Bangkok, Singapore et Saïgon.

**Résine découlant du tronc.**

**Gomme Gutte.**

Garcinia Morella.

— Guttifères. —

Démasclage du liège.

Dans sa composition, il y a environ 75 °/₀ de résine, constituant la partie colorée et active et 20 °/₀ de gomme soluble. La Gomme Gutte n'a presque pas d'odeur, mais une saveur très âcre.

En 1603, un célèbre botaniste français, Ch. de l'Écluse, reçut le premier échantillon de cette gomme résine envoyé par un amiral hollandais et en parla dans un de ses ouvrages en 1605. Ses vertus purgatives furent vite reconnues, car, peu d'années après, on en vendit à Londres de grandes quantités sous le nom de « Cambogium ». Aujourd'hui ce purgatif violent est assez délaissé en médecine, et on n'emploie plus guère la Gomme Gutte que dans la peinture à l'aquarelle et en teinture, pour colorer la soie en jaune, usage déjà pratiqué dans l'Extrême-Orient où les robes de soie des prêtres bouddhistes n'ont pendant longtemps été teintes qu'avec elle.

Les Chinois en font un grand trafic et en exportent par Canton.

## 88-89. — LIÈGE.

Le Chêne-liège est un arbre trapu de taille moyenne, très répandu dans toute la région méditerranéenne, notamment en Algérie (province de Constantine), en Tunisie, Espagne, Portugal, Italie, aux Baléares, ainsi qu'en Dalmatie et en Istrie ; en France, il y en a dans l'arrondissement de Grasse, à l'Estérel, dans les Pyrénées-Orientales ainsi qu'en Corse. Il fleurit de janvier à juin, suivant les régions, fructifie vers octobre et pousse facilement dans les terrains siliceux et les sables — pas sur le calcaire — depuis le niveau de la mer jusqu'à 1.200 mètres d'altitude, mais ne dépasse pas le 45° de latitude Nord. Il peut atteindre 200 années d'âge.

Son bois est de qualité assez médiocre; son écorce, qu'aucun autre produit n'a encore remplacé, constitue sa seule valeur, considérable, il est vrai.

Le liège commence à se former quand l'arbre a trois ou quatre ans; la première couche, dure, cassante et crevassée, est nommée *liège mâle ;* on l'enlève lorsque le tronc a environ 10 centimètres d'épaisseur; cette opération, que représente la planche 88, est appelée démasclage. Le *liège mâle* est utilisé comme combustible, comme flotteur pour les filets de pêche, pour bouées de sauvetage, l'isolement des conduites à vapeur, pour meubles de jardins, jardinières rustiques, grottes artificielles, etc.

Les couches qui se forment ensuite sont appelées *liège femelle,* car elles se renouvellent périodiquement; on les coupe environ tous les 8 à 10 ans, et cela peut être répété pendant 100 ans et au delà. Les planches de liège ainsi obtenues sont plongées dans de l'eau bouillante, ce qui les fait gonfler de près d'un tiers, ensuite comprimées et aplaties, puis séchées. En Andalousie, le séchage se fait au-dessus d'un feu, ce qui explique pourquoi certains lièges sont noircis. Il n'y a plus qu'à ligotter en ballots avec du fil de fer ou des cordes d'Halfa.

L'épaisseur du liège varie entre 5 et 20 centimètres; le plus estimé est celui de la Catalogne à cause de sa finesse et de son élasticité. Aussi peut-il seul servir à faire les bouchons à champagne pour lesquels on n'emploie que du liège de premier choix. Le liège de la Dalmatie et de l'Istrie est la qualité la plus inférieure.

Le liège sert avant tout à faire des bouchons; on l'emploie encore en chapellerie, en entomologie pour garnir les fonds des boîtes d'insectes, à faire des semelles imperméables, et, tout récemment, à construire des fûts et même des foudres de vin, etc.

Les déchets que laisse la fabrication des bouchons, etc. — plus de la moitié — ne sont pas perdus. Réduits en poudre que l'on mélange avec de l'huile de lin très épaisse ou solidifiée, et certaines matières minérales, ils constituent la base des tapis imperméables comme ceux appelés *Linoléum.* On en fait aussi des briques très légères, du papier d'emballage; par la calcination, on en obtient une couleur noire pour impression, connue sous le nom de *Noir d'Espagne.*

La consommation de tous ces objets augmente sans cesse. Voir les chiffres donnés dans la partie II.

**Écorce fournissant le liège.**

**Chêne-liège.**

Quercus suber.

— Cupulifères. —

**Karri.** — Eucalyptus diversicolor.

— Myrtacées. —

## 90-91. — JARRAH et KARRI.

Voilà certainement des noms exotiques qui ne rappelleront rien à la plupart de nos lecteurs. Ce sont, en effet, deux nouveaux venus, mais ils occupent dans le commerce européen et même en France une place déjà suffisante pour en valoir une petite ici.

Ce sont deux arbres australiens du genre Eucalyptus dont une espèce, l'**Eucalyptus globulus**, un des *Blue-Gum trees* des Anglais, découvert en Tasmanie en 1792 par un voyageur français, La Billardière, introduit en Algérie, en Provence et en Corse depuis une quarantaine d'années, est le représentant le plus connu chez nous d'un genre qui se compose d'environ 140 espèces, presque exclusivement propres au continent australien et à l'île de la Tasmanie.

L'*Eucalyptus globulus* est connu pour sa croissance extrêmement rapide et par les services qu'il rend pour l'assainissement des terrains marécageux et pour lequel on l'emploie fréquemment. Il est indigène en Tasmanie et au Sud-Est du continent australien où il atteint une taille de 60 à 80 mètres de hauteur, quelquefois au delà.

L'*Eucalyptus marginata* ne se trouve que dans le Sud de l'Australie occidentale où il porte le nom de **Jarrah**. C'est peut-être l'espèce la plus répandue dans cette région, où il forme de vastes forêts, mais ne dépasse pas souvent 30 mètres de hauteur. La croissance est lente, son bois brun rouge est dur, lourd, et le grain fin et très serré. Il a la réputation de résister aux attaques des insectes et du taret, aussi l'emploie-t-on fréquemment dans les constructions des ports et de la marine, en traverses de chemins de fer très durables, à des pilotis de ponts, dans les mines, au pavage des rues, à la construction des wagons de chemins de fer, ainsi qu'à des travaux de charpente, de menuiserie et d'ébénisterie, ce qui explique un de ses noms vulgaires d'*Acajou* (*Mahogany* en anglais). On peut voir de nombreux magasins, à Paris, dans les quartiers fréquentés par les Anglais, avec des devantures en Jarrah poli ressemblant assez à de l'acajou. C'est une mode que la province a suivie. Le nom de *marginé* lui vient de ce qu'une nervure bien marquée fait le tour de la feuille très près de la marge, c'est-à-dire du bord.

Le **Karri** ou *Eucalyptus diversicolor* se trouve dans la même région que le Jarrah, mais il atteint des dimensions beaucoup plus grandes, car on en connaît de 120 mètres, hauteur dépassée seulement par l'*Eucalyptus amygdalina* qui lui-même peut rivaliser avec les *Sequoia*, ces gigantesques Conifères de la Californie. La planche 90 montre un de ces énormes Karri que des bûcherons abattent à coups de hache. Le cheval à côté permet de faire l'estimation de l'épaisseur du tronc.

Le poids spécifique du Jarrah et du Karri dépasse celui du chêne ou du teck, la force de résistance à la rupture transversale du Karri celle des trois autres.

La grande dureté, l'élasticité et la durée de son bois font de plus en plus rechercher le Karri pour le pavage des rues que Melbourne, Adelaïde et de nombreuses autres villes en Australie ont mis en pratique depuis longtemps; à Londres, on peut citer Regent Street également pavée en Karri.

La Grande-Bretagne, qui n'avait importé en 1895 que 23.000 tonnes de 1.000 kilos de bois durs et d'ébénisterie de l'Australie occidentale, en a reçu en 1899 plus de 123.000 tonnes, contre 11.000 tonnes du reste de l'Australie et de la Tasmanie. Une grande partie doit être représentée par du Jarrah et du Karri, dont l'emploi se multiplie, mais pour le commerce desquels nous n'avons pu trouver une indication spéciale.

Cette colonie anglaise avait fait au Trocadéro, à l'occasion de l'Exposition universelle de 1900, un magnifique étalage de ses richesses en bois parmi lesquels les deux qui viennent d'être décrits occupaient la plus grande place.

## 92. — TECK.

Arbre de 30 à 35 mètres de hauteur sur 4 à 6 de tour, à tronc droit, élancé, à grandes feuilles larges, à nombreuses

**Jarrah.** — Eucalyptus marginata.

— Myrtacées. —

**Teck.**

Tectona grandis.

— Verbénacées. —

fleurs (pl. 92, fig. *a*) réunies en grappes; à fruits (fig. *b*) secs et spongieux renfermant 4 graines (fig. *c*), indigène dans l'Inde, en Birmanie, au Siam, au Cambodge, en Cochinchine, dans la presqu'île de Malacca, à Java et à Sumatra.

Cet arbre, qui pousse rapidement et se reproduit facilement, se plaît dans un sol un peu sec, au pied des montagnes, mais non dans le voisinage de la mer. Dans un terrain d'alluvion, il atteint son entier développement en 80 ans, en montagne à peine en 2 siècles. A l'état spontané, il ne forme pas de forêts à lui seul, tout comme nos chênes; il réussit le mieux au milieu des Bambous. Son bois jaunâtre, à grain fin et serré, d'une odeur aromatique très forte, modérément dur, mais durable et fort, se travaille facilement et prend un beau poli.

Les arbres abattus, formés en radeaux, sont habituellement dirigés par voie d'eau vers les ports d'embarquement. Mais comme le bois ne flotte que quand il est bien séché, on a recours dans beaucoup de régions au procédé suivant appelé *girdling*. On fait autour du tronc une profonde incision circulaire à travers l'écorce et l'aubier (bois de formation récente) pour arrêter le développement de l'arbre; celui-ci, en effet, meurt en peu de temps; avant de l'abattre on le laisse debout pendant un an ou deux, plus, s'il est de forte taille; le bois sèche alors infiniment mieux et plus vite que si l'arbre avait été abattu vert; du reste, le bois de ces derniers est toujours plus lourd. On prétend, il est vrai, que le bois séché par girdling dure moins longtemps.

Le Teck doit sa grande durabilité à une huile résineuse contenue dans ses tissus, grâce à laquelle il résiste si bien aux influences de l'eau. Aussi son usage pour les constructions navales est-il tout indiqué. La marine et plus récemment le matériel roulant des chemins de fer en absorbent des quantités telles que, depuis une cinquantaine d'années, on en fait de grandes plantations dans les pays énumérés en tête de cet article.

Ajoutons encore que le Teck était déjà connu des Babyloniens; c'était à cette époque reculée le plus grand article d'exportation de l'Inde.

Voir partie II la statistique.

## ROTIN.

Palmier à tiges grêles et grimpantes, couvertes de piquants courts et fins de même que les feuilles (les dimensions très réduites n'ont pas permis de montrer ces petits dards sur la planche), enlaçant de leurs rameaux très longs les arbres voisins qu'ils relient entre eux de façon inextricable, répandu dans les régions humides de l'Inde, de Ceylan, de la Birmanie et de la Malaisie.

Ce *Calamus,* un genre dont on connaît près de 200 espèces, diffère des autres Palmiers dont il a été question jusqu'ici dans ce volume, par ses tiges grimpantes, grosses comme le doigt, très solides et flexibles, auxquelles il doit de nombreux emplois. Dans ses pays d'origine, une de ses plus curieuses applications est de servir à établir des ponts suspendus, dont les chaînes sont constituées par des tiges bien choisies, longues quelquefois de 100 à 120 mètres. Ces ponts, jetés à travers des torrents profonds, doivent être établis à une certaine hauteur au-dessus des eaux à cause des crues rapides qui peuvent se présenter. On assure que ces passerelles vertigineuses ne sont pas rares dans le Nord de l'Inde.

Les Chinois et les Malais se servent de ces lianes pour en tresser de gros câbles pour leurs jonques. Les Hindous en font des nattes, des tapis, des paniers, après avoir fendu les tiges en lanières minces, ainsi que des fauteuils, des chaises longues, industrie qui paraît avoir été copiée sur les Européens, mais qui est maintenant très répandue aux Indes.

En Europe, ces tiges connues sous le nom de *Rotin*, en anglais *Rattan,* sont employées à faire des sièges, de la vannerie, des cannes, au cannage des chaises, à des garnitures de harnais, de selles, de corsets, voire à celle des casques prussiens. On se sert de machines pour couper les tiges en bandeaux minces qui demandent encore une certaine préparation.

Le Rotin prend facilement toutes les couleurs qu'on veut lui donner.

La France en importe annuellement 3 à 4 millions de kilos, l'Allemagne plus de 10 millions dont les Indes anglaises fournissent la plus grande partie.

**Tiges pour vannerie et garniture de chaises.**

**Rotin.**

Calamus Rotang.

— Palmiers. —

## Bois d'ébénisterie.

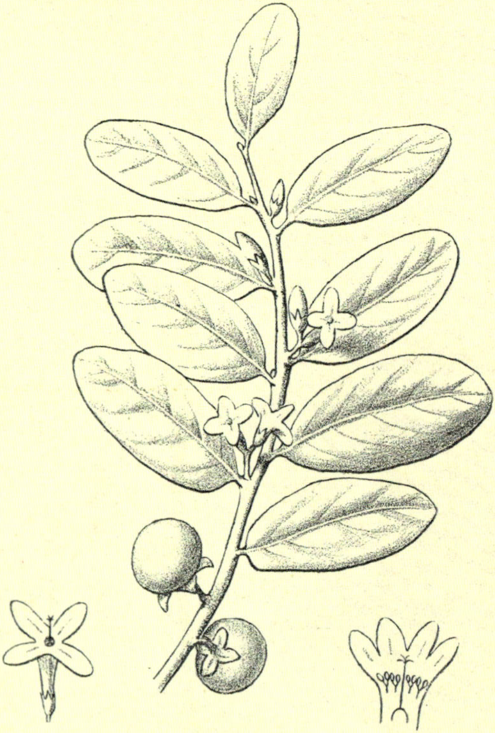

**Ébènier.**

Diospyros, ebenum.

— Ebénacées. —

## ÉBÉNIER.

Grand arbre à petites fleurs et baies également petites, indigène dans l'Inde, à Ceylan, en Malaisie et en Indo-Chine.

Son bois noir, veiné de vert, très dur, très dense, d'un grain très serré, se conserve bien à l'air et n'est pas attaqué par les insectes. Il ne se travaille que difficilement et ne peut être cloué. A cause des dimensions restreintes du cœur, partie la plus noire et la plus dure, ses emplois sont limités à l'ébénisterie, à la coutellerie, à des objets de tour (jeux d'échecs), touches de piano, marqueterie, etc.

D'autres arbres du même genre, appelé aussi *Plaqueminier,* fournissent, ainsi que certaines Légumineuses, également du bois noir ou ébène de moindre valeur désigné d'après leurs provenances.

L'ébénisterie, qui lui a emprunté son nom, faisait jadis un emploi beaucoup plus grand du véritable bois d'ébène, moins à la mode aujourd'hui. Il est du reste d'un prix élevé et peu commun. On lui substitue souvent d'autres essences teintées en noir pour faire des meubles de bureau, chambres à coucher et autres.

Les chiffres des importations françaises, allemandes ou anglaises en bois d'ébène divers ne nous sont pas connus. On relève pour 1894 des arrivages au Havre de 1.230.000 kilos, sans indication de provenance. En 1899, Hambourg en a reçu 870.000 kilos, dont 363.000 de l'Afrique occidentale allemande ;
242.000 de Bombay ;
207.000 de Madagascar ;
57.000 de Macassar (Célèbes).

Ce dernier est le moins estimé.

Au même genre appartient le *Diospyros kaki* du Japon, arbre fréquemment cultivé dans le Midi, le Centre et l'Ouest, pour ses fruits rouges de la grosseur d'une orange, appelés *kakis,* et que l'on peut voir chez tous nos marchands de primeurs ou fruits rares. En Japon, il s'en consomme des quantités ; le nombre des espèces et variétés y est considérable.

## BAMBOU.

Les Bambous sont des Graminées à tiges creuses, divisées en cloisons, séparées par des nœuds saillants d'où partent les ramifications portant les feuilles, les fleurs et quelquefois des épines. Certaines de ses tiges atteignent 25 à 30 mètres de hauteur et une grosseur considérable dont la planche 95, avec un homme comme échelle de comparaison, peut donner une idée.

Les Bambous ne fleurissent qu'après une période de végétation souvent fort longue, 25 à 30 ans; ils meurent après la fructification; on a constaté, sans pouvoir l'expliquer, que tous les sujets issus d'une même graine fleurissent, fructifient et meurent en même temps, quels que soient leur station ou leur éloignement. Ce sont des plantes des régions tropicales de l'Asie, de l'Amérique, de l'Afrique et de l'Océanie, où elles constituent souvent une importante partie de la végétation forestière. Les espèces que l'on rencontre dans les parcs et jardins en France ont toutes été introduites de la Chine, du Japon et des Indes.

Dans leurs pays d'origine, les Bambous, dont on connaît non loin de 50 espèces, trouvent de nombreux emplois ; ils servent d'abris contre les vents les plus violents; les grosses espèces fournissent des charpentes, des mâts, des gouttières, des seaux, des vases et autres ustensiles de ménage; d'autres, des palissades, des cloisons; divisées en fibres minces, les tiges sont employées à faire des nattes, des paniers, des chapeaux très fins, etc. Les Chinois fabriquent presque tout leur papier avec du Bambou; ce papier appelé *India paper* en anglais, objet d'une exportation considérable, est indispensable en lithographie pour faire les reports. Les graines farineuses, préparées comme du riz, servent de nourriture aux populations pauvres de l'Inde et du Brésil ; leur abondance peut devenir un fléau, en attirant d'innombrables bandes de souris et de rats qui, après avoir dévoré les stocks accumulés, s'attaquent aux autres cultures plus importantes comme cela s'est vu au Brésil, il y a vingt-cinq ans. En Chine et au Japon on mange les jeunes pousses de quelques espèces à peine sorties de terre et alors encore très tendres, comme nous faisons pour l'asperge.

Au Caucase, on a fait des plantations de Bambous pour

**Bambous** (Indes néerlandaises.)

Bois d'ébénisterie.

**Gaïac officinal.**

Guaiacum officinale.

— Zygophyllées. —

consolider les talus et pour obtenir des échalas très résistants à la pourriture. Tout le monde, en Europe, connait l'utilité du Bambou et ses innombrables applications : cannes à pêche, à parapluies et autres, échelles, mâts pour bateaux de plaisance, étagères, porte-parapluies, tables, sièges, fauteuils, paravents, cadres, socles, séchoirs, vases pour fleuristes, sans oublier les manches des lances de nos dragons, les perches des allumeurs de gaz, etc.

En 1899, l'Allemagne a importé 1.700.000 kilos de Bambous, dont : 800.000 de la Chine;
460.000 des Indes anglaises;
400.000 du Japon.

D'autres chiffres ne sont pas publiés.

## 96. — GAÏAC OFFICINAL.

Arbre de 6 à 10 mètres de hauteur, à feuilles persistantes, à fleurs bleues réunies par 6 à 12 (pl. 96, fig. *a, b, c*), à fruit coriace s'ouvrant en deux coques (fig. *d*), renfermant chacune une graine, répandu dans les plaines arides à Cuba, à la Jamaïque, à Saint-Domingue, à la Trinitad, à la Martinique et les autres îles des Antilles, ainsi que dans l'Amérique centrale, en Colombie et au Vénézuéla.

Son bois brun verdâtre, très dur, compact et très lourd, dépasse de beaucoup la densité de l'eau; il a une odeur aromatique, une saveur âcre et amère. Cette odeur est due à une résine qui ne se trouve que dans le bois parfait, à coloration foncée, claire dans l'aubier.

La résine de Gaïac est employée en médecine depuis plus de deux siècles comme stimulant antigoutteux et antirhumatismal; on l'extrait principalement à l'île Gonaïve (bien connue en France pour ses cafés), en face Port-au-Prince à l'Ouest de Saint-Domingue, soit par incision des troncs, ou, plus souvent, par exsudation de morceaux de ce bois, perforés au préalable et exposés à l'action d'un feu. La résine de Gaïac sert fréquemment en chimie comme réactif.

Le bois même a une importance beaucoup plus grande; c'est un des meilleurs pour fabriquer des poulies, des dents d'engrenage et autres instruments ou pièces mécaniques soumis au frottement et pour lesquels on ne veut pas employer du métal. Les planchers des ponts de navires sont souvent faits de ce bois.

L'île de Saint-Domingue en exporte des quantités considérables; Hambourg seul indique un chiffre : 630.000 kilos en 1899.

Le **Gaïac de la Guyane** (*Coumarouna odorata* de la famille des Légumineuses) est cet arbre commun dans les Guyanes et le Nord du Brésil, dont les fruits renferment la *Fève tonka* qui sert à parfumer le tabac à priser; son bois, trop souvent miné par les insectes, est loin d'avoir pour cela la valeur de celui dont nous venons de parler et qui passe pour inattaquable.

## 97. — ACAJOU A MEUBLES.

Grand arbre haut de 20 à 25 mètres sur plusieurs de circonférence, à petites fleurs jaunes rougeâtres, à fruits capsulaires longs de 8 à 10 centimètres, commun dans les plaines et jusqu'à 900 mètres dans les montagnes du Mexique, du Honduras, du Nicaragua, de la Colombie, des Guyanes, de Cuba, Saint-Domingue et les autres Antilles, mais rare à la Guadeloupe.

Son bois, à grain fin et serré, rougeâtre clair lorsqu'il est récemment scié ou raboté, ne tarde pas à devenir plus foncé par l'effet de l'air. Il se travaille facilement et prend un beau poli; aussi est-il d'un emploi courant en ébénisterie, rarement en massif, le plus souvent en plaqué; la marqueterie tire un bon parti des racines. Les beaux meubles du premier Empire sont presque tous en Acajou.

L'Acajou nous arrive sous forme de poutres ou madriers équarris de dimensions variées, appelées *billes;* suivant sa provenance, son dessin, ses veines et nuances, il porte des noms différents assez nombreux.

L'Acajou d'Afrique provient de Méliacées, sur la dénomination botanique exacte desquelles on n'est pas encore bien d'accord; ce serait du *Khaya senegalensis* d'après les uns, du *Carapa procera* d'après les autres. La couleur de ce bois africain est plus sombre; son poli devient plus brillant. Il s'en fait une grande consommation en Angleterre, à laquelle nous devons en partie ces meubles « modern style », plus bizarres souvent que jolis.

Voir partie II la statistique.

## Bois d'ébénisterie.

**Acajou à meubles.**
Swietenia Mahogony.
— MÉLIACÉES. —

## PALISSANDRE.

On n'est encore que peu fixé sur les arbres qui fournissent le bois de Palissandre, comme du reste sur bien d'autres espèces de bois d'ébénisterie. Cela tient en partie à ce que les troncs arrivent à la côte équarris, c'est-à-dire dépouillés de feuilles, de fleurs et de fruits, sans lesquels une détermination botanique exacte n'est presque pas possible.

Tous ces bois exotiques portent des infinités de noms, soit indigènes, soit d'après leurs provenances ou encore d'après leur coloration, leur pesanteur, leur odeur ou ressemblance avec d'autres mieux connus, ce qui ajoute encore à la confusion générale. Aussi ce sujet est-il l'un des plus compliqués en botanique appliquée et le sera-t-il sans doute longtemps encore.

Le Palissandre serait obtenu de diverses espèces de *Machaerium* de la famille des Légumineuses, dont l'une a été figurée sur la planche 98, ainsi que de certains *Jacaranda* de la famille des Bignoniacées.

Le *Machaerium brasiliense* est un arbre indigène au Brésil. Les fleurs sont d'un rouge brunâtre. La fleur isolée et la gousse sont représentées grandeur naturelle dans la pl. 98.

Le Palissandre est un bois d'ébénisterie et de marqueterie de couleur violette, brunissant à l'air, à veines marbrées très tranchées et d'un grain serré; il est très lourd, compact, sonore et prend un très beau poli. On le désigne souvent aussi sous le nom de *Jacaranda*.

Les fabricants de meubles, de pianos, etc., en font un usage fréquent, moins en massif qu'en plaqué. On en a reçu au Havre, en 1894, environ 4.700 billes pesant 1.560 tonnes de 1.000 kilos et, en 1899, à Hambourg 1.500 billes pesant 875 tonnes.

**Palissandre.**
Machaerium brasiliense.
— Légumineuses. —

## ARÉQUIER.

Arbre de 15 à 18 mètres de hauteur, à tronc blanchâtre, grêle, mais très droit, couronné de feuilles très divisées, un peu échevelées, s'agitant à la moindre brise. La figure *c* de la planche 99 montre un fragment d'une de ces feuilles réduit au 10$^{e}$, *a*, une inflorescence, *b*, un fruit isolé réduit de moitié.

Au point de vue de l'Européen, ce Palmier est d'un intérêt très secondaire, mais, pour des millions d'Asiatiques, il est aussi indispensable qu'à nous le tabac et au Chinois l'opium. S'il a trouvé une place dans ce livre après tant d'autres produits qui chez nous font l'objet d'importations sérieuses, c'est que, dans l'Asie orientale tropicale, les *Noix d'Arec*, nom qu'on donne à ses fruits, donnent lieu à des transactions commerciales très considérables, comme on va le voir un peu plus loin.

L'*Areca Catechu,* indigène en Cochinchine et en Malaisie, est cultivé dans une grande partie de l'Inde et de la Birmanie, où les avenues de nombreux villages sont souvent formées avec lui. Un de ces arbres fournit en moyenne 300 noix renfermant chacune une amande. Les indigènes coupent celles-ci en tranches qu'ils font bouillir dans de l'eau; ensuite on roule ces tranches avec du Gambier et du Cachou (voir p. 59 et 60) dans une feuille du Poivrier-Bétel ou du Poivrier-Noir enduite d'un lait de chaux, et on les réunit par paquets de 20 à 30 feuilles enroulées, mises ainsi en vente sous le nom général de *Bétel.*

C'est le masticatoire des Hindous, des Malais et des Chinois qui s'en servent à tout instant comme tonique et astringent. Le mâcheur de Bétel se reconnaît à ses dents noires et à ses lèvres rouges, objets de son orgueil, les dents blanches de l'Européen étant comparées par lui à celles du chien et

**Fruit masticatoire et tinctorial.**

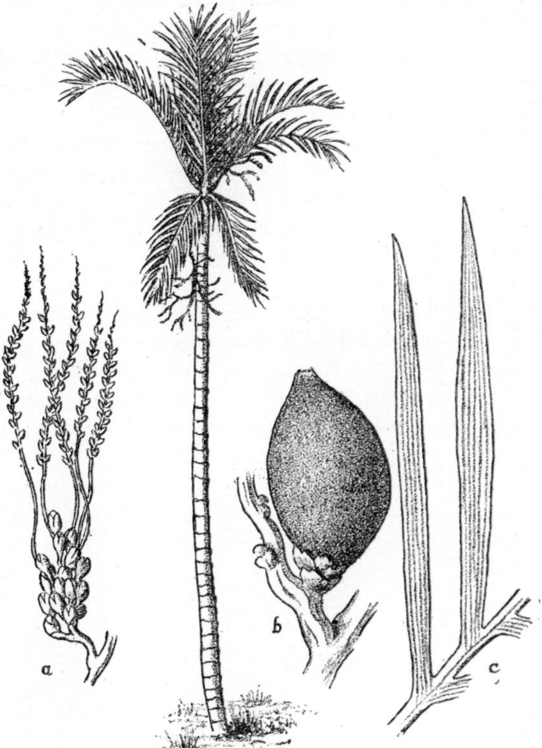


**Aréquier.**

Areca Catechu.

— PALMIERS. —

trouvées laides! Le Bétel donne à la bouche une haleine agréable et n'incommode pas l'estomac, mais il ébranle les dents et peut causer chez ceux qui en abusent des inflammations à la gorge.

Voici maintenant quelques chiffres un peu anciens déjà, mais intéressants quand même, sur le commerce des *Noix d'Arec,* appelées aussi *Noix de Bétel.*

En 1883-84 il en a été importé aux Indes près de 20 millions de kilos provenant surtout des Straits-Settlements, puis de Ceylan et de Sumatra. D'autre part, il a été exporté non loin de 3 millions 1/2 de kilos dans la Birmanie, au Népaul, à Zanzibar, à l'île Maurice, au Mozambique, en Chine, à Aden, etc.

Certaines de ces destinations s'expliquent par le fait que les Hindous et les Malais, fréquemment recrutés par les Anglais pour travailler dans leurs colonies ou bien comme chauffeurs ou matelots à bord de leurs navires, ne veulent pas perdre l'usage du Bétel, qui les suit dans leurs migrations.

# PARTIE II

## DESCRIPTION DE QUELQUES PRODUITS NON FIGURÉS

### Statistique (1) commerciale des produits décrits dans la partie I.

**ARACHIDE.** (Voir page 41.)

Importations en 1899 pour la consommation.

Graines en cosses ou décortiquées.

| | | |
|---|---|---|
| **France** : plus de 106 millions de kilos, dont. . . . . . | 63 | du Sénégal; |
| | 28 | de l'Afrique occidentale anglaise; |
| | 5 | des Indes anglaises; |
| | 1 3/4 | des Indes françaises, Pondichéry. |

représentant en tout une valeur de 24 millions de francs.

| | | |
|---|---|---|
| **Allemagne** : 14 millions de kilos, dont près de . . . | 9 | des colonies françaises de l'Afrique occident. |
| | 3 | des colonies anglaises d'Afrique; |
| | 1 3/4 | des colonies portugaises. |

La Grande-Bretagne ne détaille pas ce produit englobé dans ses statistiques dans les graines oléagineuses diverses.

1. Les statistiques officielles françaises et allemandes distinguent à l'importation : *Commerce spécial* et *Commerce général*, termes auxquels nous avons substitué ceux de *consommation* et *importations totales* que nos lecteurs comprendront mieux.

## BASSINE ou FIBRE DE PALMYRE.

Ces noms désignent une fibre analogue à celle du Piassava et obtenue de la même façon, également d'un Palmier, le *Borassus flabellifer,* un des plus répandus de l'Afrique et de l'Asie tropicales. A Ceylan, on le trouve encore à une altitude de 1.000 mètres.

Dans l'Inde, ce Palmier est connu sous le nom de *Palmyra*; en Afrique on le nomme *Deleb.* Son tronc, qui atteint jusqu'à 20 mètres de hauteur, porte au sommet un bouquet de feuilles étalées en forme d'éventail.

Les fruits sont comestibles; le tronc fournit un excellent bois de construction, surtout celui d'arbres d'une centaine d'années. Il est dur, solide et résiste aux attaques des insectes. Les fleurs mâles produisent en grande abondance un liquide alcoolique, le *Vin de Palme,* appelé *Toddy* dans l'Inde où il est très apprécié.

L'importance de ce Palmier au point de vue européen est toute récente et ne remonte guère à plus de dix ans.

Les Palmiers du Brésil dont on obtient le Piassava ne pouvant suffire aux demandes sans cesse croissantes de l'industrie, on essaya d'employer les fibres des tiges des feuilles de ce Borassus. Ce produit prit place au marché si rapidement qu'il fallut même intervenir pour arrêter les dévastations commises et qui, dans une île voisine de Ceylan, amenèrent la destruction de plus de mille de ces Palmiers encore jeunes.

L'exportation des fibres a lieu presque exclusivement de Tuticorin, petit port sur le continent indien, proche de Ceylan. C'est Londres et Hambourg qui reçoivent la plus grande partie de la production qui a varié entre 1.000 et 2.500 tonnes de 1897 à 1899.

Les emplois en sont les mêmes que ceux du Piassava.

Le Sénégal, où ce Palmier est très abondant, pourrait non moins bien fournir cette fibre très recherchée par la brosserie quoiqu'elle soit de qualité inférieure.

**BOIS D'ACAJOU.** (Voir page 97.)

Importations en 1899 pour la consommation.

| | |
|---|---|
| France, 9.630 tonnes, dont | 3.450 du Mexique.<br>2.200 de l'Afrique occidentale française.<br>310 de l'Afrique occidentale non française.<br>1.260 de Colombie.<br>750 d'Haïti.<br>774 de la Guyane hollandaise. |
| Grande-Bretagne : 61.000 tonnes (plus 13.000 réexportées) total 74.000, dont | 18.700 de la Côte de l'or, en Afrique.<br>14.200 du Honduras anglais.<br>9.600 des États-Unis.<br>6.800 de Lagos.<br>6.100 de l'Afrique occident. française.<br>6.000 du Mexique.<br>4.750 d'Allemagne.<br>1.150 du Niger.<br>920 de Colombie.<br>850 de France.<br>800 d'Haïti et Saint-Domingue.<br>800 du Nicaragua. |

L'Allemagne ne donne pas de détails suffisants sur ses importations de bois d'ébénisterie. Nous ne pouvons indiquer que celles de Hambourg, un des grands marchés de bois en Europe :

6.860 mètres cubes d'Acajou.

## BOIS DE CAMPÊCHE. (Voir page 53.)

Importations en 1899 pour la consommation.

| | | |
|---|---|---|
| France : | | Impossible d'indiquer un chiffre. Voir page 52 à Pernambouc. |
| Allemagne : 29 millions de kilos, dont | 14 | du Mexique. |
| | 7 | de Saint-Domingue et Haïti. |
| | 3 1/2 | de la Jamaïque. |
| | 1 1/2 | du Brésil. |
| Grande-Bretagne : 33 millions de kilos, dont | 17 | du Honduras anglais. |
| | 10 | de Saint-Domingue et Haïti. |
| | 3 1/2 | du Mexique. |
| | 1 1/2 | de la Jamaïque. |

Le bois provenant de Saint-Domingue et Haïti est recherché de plus en plus pour son bas prix et parce que l'exportation de celui du Yucatan a diminué, la culture du Henequen (voir page et pl. 73), plus lucrative, occupant tous les bras depuis l'extension prise par le commerce de ce textile.

## BOIS DE TECK. (Voir page 92.)

Aucun État, sauf la Grande-Bretagne, n'indique les chiffres de son importation en bois de Teck; la valeur pour ce pays s'est élevée, en 1899, à près de 16 millions 1/2 de *francs*. Il est probable que les 4 millions de *kilos* de bois d'ébénisterie, importés dans la même année du Siam par la France, s'appliquent, du moins en grande partie, à la même essence. Hambourg en a reçu près de 3.000 *mètres cubes*. La comparaison entre des quantités désignées de façon aussi variée n'est hélas pas facile!

Voici des chiffres plus anciens démontrant mieux l'importance du Teck, mais pour l'Inde seulement; en 1889-90, il en a été exporté un peu plus de 71.000 tonnes cubiques, c'est-à-dire environ 100.000 mètres cubes provenant presque exclusivement de la Birmanie anglaise. L'Angleterre, naturellement, en a la plus grosse part : 85 %; puis l'Égypte, Ceylan, l'île Maurice, l'Italie, l'Arabie, l'Espagne. Les autres pays ne méritent pas d'être cités.

Depuis quelques années, le Jarrah et le Karri (voir pages 90 et 91) font une sérieuse concurrence au Teck, des qualités duquel ils se rapprochent.

## CACAO. (Voir page 5.)

Les importations totales de Cacao en fèves se sont élevées en 1899 :

En **France**, à 40 millions 1/2 de kilos (17 1/2 pour la consommation intérieure) :

| | | |
|---|---|---|
| dont environ | 9 1/2 | des Antilles anglaises. |
| | 7 1/2 | du Brésil. |
| | 7 | du Vénézuéla. |
| | 6 1/2 | de l'Équateur. |
| | 5 | de Haïti. |
| | 1 1/2 | de Colombie. |
| | 1 | de Martinique, Guadeloupe. |

En **Grande-Bretagne**, à 19 millions 1/2 de kilos (15 pour la consommation intérieure) :

| | | |
|---|---|---|
| dont environ | 7 | des Antilles anglaises. |
| | 4 | du Portugal. |
| | 2 | de l'Équateur. |
| | 2 | de Ceylan. |
| | 1 1/2 | du Brésil. |
| | 1 1/2 | de Colombie. |

En **Allemagne**, à 19 millions de kilos (18 1/4 pour la consommation intérieure) :

| | | |
|---|---|---|
| dont environ | 5 1/2 | de l'Équateur. |
| | 4 | du Portugal et de San Thomé. |
| | 3 1/2 | du Brésil. |
| | 2 | de Haïti. |
| | 1 1/4 | des Antilles anglaises. |
| | 1 | du Vénézuéla. |

En récapitulant par provenances les importations réunies de ces trois pays seulement, l'importance des pays producteurs de Cacao se présente dans l'ordre suivant qui doit se rapprocher assez près de la réalité :

| | | | | |
|---|---|---|---|---|
| Antilles anglaises (Trinidad) . . . | 17 | millions | 3/4 | de kilos. |
| Équateur . . . . . . . . . . . . | 14 | — | | — |
| Brésil . . . . . . . . . . . . . | 12 | — | 1/2 | — |
| Vénézuéla . . . . . . . . . . . | 8 | — | | — |
| Portugal (S. Thomé en Afrique). . (Production totale 11 millions de kil.) | 8 | — | | — |
| Haïti . . . . . . . . . . . . . | 7 | — | | — |
| Colombie. . . . . . . . . . . . | 3 | — | | — |
| Ceylan. . . . . . . . . . . . . | 2 | — | | — |

Il faut citer encore la Guyane hollandaise avec un total de près de 3 millions de kilos absorbés par les Pays-Bas.

Les autres pays exportateurs, mais d'importance moindre, sont Cuba, la Martinique, la Guadeloupe, Porto-Rico, les Antilles danoises, le Chili, le Pérou, Java, Caméroun, Libéria, Madagascar, etc. ; le Mexique et les autres États de l'Amérique centrale produisent mais n'exportent pas ou peu de Cacao.

La production totale du globe est difficile à évaluer, les quantités consommées dans les pays d'origine échappant à tout contrôle. Il faudrait tenir compte aussi des importations faites en Espagne, en Portugal, en Italie et celle toujours croissante des États-Unis, etc. En n'admettant que 100 millions de kilos comme récolte totale, on reste sans doute au-dessous de la vérité.

## CAFÉ. (Voir page 1.)

La production du globe, sans cesse croissante, a été évaluée *pour l'année de récolte, 1er juillet 1899 au 30 juin 1900,* à **840 millions de kilos** se décomposant en chiffres ronds comme suit :

| | |
|---|---|
| Brésil. . . . . . . . . | 580 millions de kilos, dont Santos plus de moitié. |
| Amérique centrale et mérid. sans le Brésil. | 162 millions de kilos. |
| Antilles. . . . . . . . | 32 — — dont Haïti et Saint-Domingue plus des 3/4. |
| Indes néerlandaises. . . | 40 millions de kilos, dont Java seul plus de 90 %. |
| — anglaises et Ceylan. | 13 millions de kilos. |
| Afrique et Océanie . . . | 13 — — |

Au Brésil, les récoltes deviennent de plus en plus considérables, tandis qu'elles baissent dans les Indes néerlandaises et anglaises, où elles donnaient des résultats très supérieurs avant la maladie des caféiers dont il a été question à la page 1.

Les marchés les plus importants pour cette denrée sont Rio-de-Janeiro, New-York, Londres, Le Havre, Hambourg, Rotterdam, Amsterdam, Trieste, Anvers, Bordeaux, Marseille et Gênes.

Voici maintenant les importations totales faites en 1899 dans les trois pays souvent mis en parallèle dans ce volume.

Les pays producteurs sont indiqués d'abord; les chiffres ont été arrondis en millions de kilos :

| | France. | Allemagne. | Grande-Bretagne. |
|---|---|---|---|
| Brésil. . . . . . . . . . . . | 80 | 92 1/2 | 4 1/4 |
| Haïti et Saint-Domingue . . | 28 1/2 | 6 | — |
| Vénézuéla. . . . . . . . . . | 14 1/2 | 5 1/2 | peu |
| Colombie . . . . . . . . . . | 12 1/2 | 3 | 6 |
| Indes anglaises et Ceylan . . | 9 | 2 1/2 | 11 |
| Cuba et Porto-Rico. . . . . | 9 | 2 1/2 | — |
| Guatémala. . . . . . . . . . | 2 | 23 1/2 | 3 |
| Mexique . . . . . . . . . . | 1 | 1 1/2 | 1/2 |
| Costa-Rica . . . . . . . . . | peu | 2 | 3 1/2 |
| Honduras, San Salvador . Nicaragua. . . . . . . . . | peu | 2 | 3 1/2 |
| Chili et Pérou. . . . . . . | — | peu | 3 |
| Etats-Unis. . . . . . . . . . | 2 | 1 1/2 | 4 |
| Grande-Bretagne. . . . . . | 1 1/2 | 9 | — |
| Pays-Bas . . . . . . . . . | 1/2 | 11 | peu |
| Allemagne. . . . . . . . . . | peu | — | 4 1/2 |
| Portugal et Afrique portug. | peu | 1 1/2 | peu |
| France . . . . . . . . . . | — | 2 1/2 | 5 1/4 |
| Total des importations . . | 167 3/4 | 179 1/4 | 49 1/2 |
| Total mis en consommation. | 81 1/2 | 156 | 14 1/2 |

D'après les chiffres qui précèdent, il résulte que sur 100 kilos de cafés importés en France, la part de nos colonies est de 800 grammes, 1.200 en ne tenant compte que des quantités mises en consommation.

En 1868, cette proportion était encore de 1.200 et 1.500 grammes, mais actuellement plus d'une de nos anciennes colonies ne produit même pas ce qui est nécessaire à sa propre consommation, comme la Guyane et la Martinique qui *importent* du café. Cependant la Martinique a eu une période de prospérité, puisque de 1821 à 1830 elle en exportait une moyenne de 762.000 kilos par an; dans la même période, la Guadeloupe et la Réunion dépassaient chacune le million. Il faut espérer que les plantations faites à Madagascar, aux Comores, en Nouvelle-Calédonie et dans notre Ouest africain, relèveront bientôt la navrante production de nos colonies, protégées cependant par une réduction de 50 % sur nos droits de douane les plus réduits.

## CANNELLE. (Voir page 16.)

Importations de 1899 pour la consommation.

En France, 52.000 kilos, dont { 35.000 des Indes. 12.369 de Chine (1). 580 de l'Indo-Chine (2).

En Allemagne, 452.000 kilos, surtout des Indes.

Grande-Bretagne { *Importations générales :* 1.255.000 kilos (1.228.000 de Ceylan), dont réexportés 1.228.000 kilos.

1-2. Ces chiffres doivent sans doute être rapportés au *Cassia lignea* (Voir p. 16).

## CAOUTCHOUC et GUTTA-PERCHA BRUTS.

(Voir pages 79 et 83.)

Importations totales en 1899.

**France :**
6.420.000 kilos, dont. . . . {
1.800.000 du Brésil.
630.000 des Indes anglaises.
600.000 de l'Afrique occident. française.
300.000 de Madagascar.
145.000 de la Colombie.
Presque tout le reste indirectement par voie d'Europe.

**Allemagne** : 13.700.000 kilos, dont . . . de nombreuses provenances parmi lesquelles la Russie avec 3 millions de kilos tient la tête.

**Grande-Bretagne** :

28.000.000 de kilos dont. .

- 23.820.000 kilos de caoutchouc, dont . . . . .
  - 8.500.000 du Brésil.
  - 3.820.000 de l'Afrique occident. anglaise.
  - 1.780.000 de l'Afrique occident. française.
  - 1.530.000 des Indes anglaises.
  - 1.000.000 de Russie.
  - 1.000.000 de France.
  - 1.000.000 d'Allemagne.
  - 950.000 de l'Amérique Centrale et Sud moins le Brésil.
  - 920.000 du Portugal et de ses colonies d'Afrique.
- 4.180.000 kilos de Gutta-percha, dont . .
  - 3.450.000 de la presqu'île de Malacca.
  - 150.000 de la Guyane anglaise.
  - 80.000 du Vénézuéla.
  - 56.000 du Niger.
  - 50.000 des Antilles.
  - Le reste d'Allemagne, des Pays-Pas, de Belgique, France, etc.

La Grande-Bretagne seule indique séparément ses chiffres d'importation pour la Gutta-percha.

D'après les estimations des douanes, la valeur des importations des deux produits bruts s'élève à :

| | | | |
|---|---|---|---|
| 61 | millions de francs | | pour la France. |
| 96 | — | — | pour l'Allemagne. |
| 173 | — | — | pour la Grande-Bretagne. |

Le kilo est évalué en France à 9 fr. 50, en Allemagne à 7 francs, en Angleterre à 6 fr. 20, ce qui explique la somme relativement élevée, mais peut-être plus exacte indiquée pour notre pays. Des écarts semblables sont fréquents dans les évaluations officielles des divers États ; aussi n'employons-nous que rarement dans ce volume des estimations en monnaie et alors uniquement pour donner une idée approximative de l'importance des capitaux mis en mouvement.

## CHANVRE.

*Cannabis sativa.* (Cannabinées.)

Quoique cette plante n'ait pas pour nous un intérêt exotique, nous la mettons trop souvent en parallèle avec des textiles destinés à la remplacer, pour ne pas en indiquer au moins l'importance commerciale.

Voici en millions de kilos les quantités de filasse de chanvre produites ou importées en 1899 en :

**France**, production : 21 1/2, dont la moitié provient des cinq départements de la Sarthe, Maine et-Loire, Haute-Vienne, Morbihan et Loire-Inférieure.

— importation : 17 1/2, dont 10 1/2 d'Italie (provenance la plus estimée).
2 d'Allemagne.
1 1/2 de Russie.

**Allemagne**, importation : 48 1/4, dont à peine les 2/3 de Russie et plus du quart d'Italie.

Les statistiques de la Grande-Bretagne confondant sous une même désignation le Chanvre, le Fourcroya, la Ramie, le Henequen, le Chanvre de Manille, le Phormium, etc., leurs chiffres perdent beaucoup de leur intérêt. Le total de ces divers produits s'élève à 87 millions de kilos, le tiers seulement de celui du Jute !

## CHIENDENT A BROSSES.

Quoique ce produit soit d'un usage journalier, on chercherait vainement un ouvrage dans lequel il en soit fait mention, autrement qu'en le faisant dériver de cette mauvaise herbe de nos cultures, une Graminée (*Agropyrum repens*) appelée Chiendent, et dont les racines trouvent un emploi bien connu dans la médecine populaire comme diurétique. Nous nous étendrons donc un peu plus longuement sur cet article.

Le Chiendent à brosses provient de deux plantes très différentes de celle dont il vient d'être question, quoique appartenant à la même famille. L'une : *Andropogon Gryllus,* haute de 1/2 à 1 mètre, se trouve disséminée dans les lieux stériles de la Provence et du Languedoc; elle est beaucoup plus abondante dans l'Italie septentrionale et même cultivée dans la province d'Udine où sa racine y fait l'objet d'un commerce d'exportation considérable : plus de 4 millions de kilos en 1894, dont 1/3 est entré en France. Cette sorte, à fibres ondulées et rigides, porte le nom de son principal pays d'origine : *Chiendent d'Italie,* en italien, *Quadro,* en anglais, *Venetian whisk.*

L'autre, *Epicampes macroura* ou *Chiendent du Mexique,* est obtenu des racines d'une herbe à feuilles grossières, touffus, très abondante sur les hauts plateaux du Mexique à climat froid, où elle atteint environ 2 mètres de hauteur. La longueur de ces racines varie entre 20 et 30 centimètres sur 1 1/2 millimètre d'épaisseur; elles sont moins estimées que celles d'Italie.

Vera-Cruz, centre de son exportation, expédie chaque année des quantités de plus en plus fortes de ce produit nommé *Raize de Zacaton* en espagnol. Il en arrive un peu au Havre, souvent pour être réexpédié aussitôt à Hambourg où cet article est si recherché qu'il n'y en a, pour ainsi dire, jamais en stock. Les arrivages dans ce dernier port ont progressé de 24.000 paquets à plus de 30.000 en 1898. Le « Zacaton » est plus connu en Allemagne sous le nom de *Reiswurzel*, à cause de la ressemblance euphonique des mots *Reis* (riz) et *Raize* qui signifie racine. Le Zacaton pousse sur un sol aride, le riz dans l'eau. Voilà comment naissent les confusions !

Toutes les fibres importées du Mexique en France, qu'elles servent à faire des cordes, des tapis, des hamacs ou des matelas, ou bien des brosses, sont, malgré ces emplois si divers, groupés dans nos statistiques douanières, sous un même bloc, avec le Coïr et le Piassava. Il nous est donc impossible d'indiquer l'importance de nos importations pour chacune ; en Allemagne, les fibres à brosses reçues directement du Mexique ont dépassé 1 million de kilos en 1899, sur un total de 5 1/2 millions de kilos de matières brutes pour brosserie.

Ces divers Chiendents servent surtout à faire des brosses à peluche, à velours et à vêtements, des petits balais pour chapeaux de dames et autres, pour le nettoyage des tapis, etc., usages où rien d'autre ne les remplace avantageusement.

Les racines de ces deux provenances subissent une préparation qui consiste à leur retirer une espèce d'écorce et à les blanchir.

## CIRE VÉGÉTALE. (Voir page 75.)

Importations totales :

| | |
|---|---|
| France : 620.000 kilos, dont | 400.000 du Japon ; |
| | 47.000 de Madagascar ; |
| | 26.000 du Brésil. |

| | |
|---|---|
| **Allemagne :** 640.000 kilos, dont | 265.000 du Brésil. 375.000 du Japon. |
| **Grande-Bretagne :** 450.000 kilos, dont | 200.000 — — 250.000 du Brésil. |

En Allemagne et en Angleterre, les statistiques réunissent les cires végétale et animale. Aussi les chiffres ci-dessus qui n'indiquent pour ces deux pays que les provenances du Brésil et du Japon ne sont-ils pas complets. Il faudrait y ajouter les achats faits aux États-Unis, au Chili, au Pérou, qui obtiennent des cires végétales avec certaines autres plantes, par exemple divers Myrica. Les plus importantes provenances sont celles que nous avons citées.

## CITRONNELLE.

*Andropogon Nardus.* (Graminées.)

Plante analogue au Vétiver (voir p. 153), mais plus haute, à épis plus courts et à feuilles plus étroites, indigène dans l'Afrique tropicale et le Nord de l'Inde. On la cultive en grand à Ceylan et à Singapore pour en extraire l'huile ou essence portant son nom.

Cent kilos de feuilles fournissent environ 180 grammes d'essence; celle-ci a une odeur aromatique et un goût semblable à celui du citron. On l'utilise notamment en parfumerie, dans la fabrication des savons dits au miel (en anglais : *honey-soap*).

Ceylan, où il s'en fait 2-3 récoltes par an, exporte annuellement environ 20.000 kilos de Citronnelle valant à peu près 12 francs chacun.

Après avoir été distillées, les feuilles pourraient fournir de la fibre à papier analogue à celle de l'Halfa, car elles sont, comme celui-ci, dépourvues de nœuds, ce qui constitue un grand avantage dans cette fabrication. On estimait en 1884 à

3.500 tonnes la quantité de cette matière, prête à l'exportation, à Ceylan. Des renseignements plus récents sur cette dernière application ne nous sont pas connus.

Il y a une assez grande confusion au sujet de presque toutes les plantes à parfum, notamment sur celles substituées à l'Essence de roses. La Citronnelle, d'autres Andropogon et diverses espèces d'Arabie ont passé tour à tour pour fournir tel ou tel de ces succédanés. Il n'est pas aisé d'y voir clair.

Sous le nom vulgaire de Citronnelle, on désigne encore d'autres plantes telles que la Mélisse officinale (indigène en France), une Verveine, une Antémise, etc.

## COLZA BLANC et ROUX.

*Brassica campestris.* (Crucifères.)

Cette Crucifère, ainsi que quelques autres espèces ou variétés similaires, est l'objet de grandes cultures, non seulement en Europe, mais sur une échelle encore bien plus vaste dans l'Inde, surtout dans les Présidences de Bengale et de Bombay.

Il a été importé de ce pays en 1899 :

| | | | | |
|---|---|---|---|---|
| En France, | 53 1/2 millions de kilos | de graines | de | Colza. |
| En Allemagne, | 75 1/2 | — | — | — |
| En Grande-Bretagne, | 18 | — | — | — |

Dans la même année, la France a produit 62 millions de kilos des mêmes graines obtenues avec diverses variétés de Brassica.

Le rendement d'huile varie entre 38 et 40 °/₀.

L'huile de Colza est utilisée pour l'éclairage, la fabrication des savons mous, à préparer les cuirs, à fouler les étoffes, etc. Elle est fréquemment mélangée avec divers produits similaires.

Voir dans *Siélain, Atlas de poche des plantes des champs,* Série III, une planche coloriée de notre Colza indigène.

## COÏR.

Cette fibre, décrite à la page 43, provient presque exclusivement de Ceylan, de Madras, de la côte de Malabar et des îles Laccadives ; il serait à désirer que celles de nos colonies où les Cocotiers sont souvent très abondants, au lieu de laisser se perdre ce produit d'un emploi si spécial, puissent nous en fournir, d'autant plus que le procédé pour l'obtenir est facile.

Après avoir détaché du noyau la matière qui l'entoure, on trempe celle-ci dans l'eau — salée ou saumâtre de préférence — pendant 6 à 18 mois, jusqu'à ce que les fibres puissent être facilement séparées des tissus auxquels ils sont mélangés.

La durée de ce trempage ou rouissage est très importante ; si elle est trop prolongée, la fibre devient faible ; par contre, d'un nettoyage difficile quand ce temps a été trop court. La séparation des fibres, faite à la main, est suivie d'un lavage à froid. Finalement, celles-ci sont soumises à un battage à l'aide de gros maillets en bois pour les débarrasser de toutes les impuretés, et séchées au soleil. Elles varient entre 15 et 35 centimètres de longueur.

En 1886-87, les Indes anglaises ont exporté environ 6 millions et demi de kilos de Coïr, chiffre certainement très inférieur au mouvement actuel. Aucune statistique à notre disposition ne détaille ce produit.

## COPRAH.

Ce produit, nous l'avons dit à la page 43, est la chair intérieure des Noix de Coco qui, séchée et cassée en morceaux ressemblant assez à d'épaisses pelures d'oranges desséchées, mais plus grasses et sentant le rance, donnera ces beaux savons, ces belles bougies blanches inconnus d'une civilisation encore peu reculée. Il n'y a pas cent ans, les bougies en cire, seules employées, étaient un article de grand luxe ; elles sont détrônées maintenant, sauf dans les églises, et même l'humble chandelle de suif éclairant mal, sentant plus mal encore, dont nos pères se servirent jusque vers 1870, n'est plus utilisée que par le tonnelier et seulement parce qu'il peut, sans chandelier, la fixer contre les murs de la cave. Les mouchettes, objets de curiosité dans un coin de l'Exposition universelle de 1900, ne sont plus qu'un souvenir.

Il faut, pour apprécier les progrès dans l'industrie de l'éclairage domestique dus à Chevreul, le grand chimiste auquel nous devons les bougies stéariques (sa découverte de l'acide stéarique, la stéarine du commerce, date de 1811), jeter un regard en arrière vers cette époque des chandelles, qui aujourd'hui nous apparaît presque comme une période préhistorique, ni oublier que l'industrie des savons est également très redevable à ce savant. Les anciens Grecs et Romains ne connaissaient pas le savon; ils prenaient des bains, s'oignaient d'huiles aromatiques, ce qui fortifiait bien le corps, mais ne le nettoyait que très imparfaitement. On a dit du reste depuis, et non sans raison, que le degré de civilisation d'un peuple dépend de la quantité de savon qu'il consomme.

Qu'on nous excuse pour ce retour vers le bon vieux temps... sans savon, ni bougies. On l'oublie trop souvent en présence des agréments et facilités d'existence actuels.

Pour en revenir au Coprah, source de propreté et de lumière, il ne reste plus qu'à donner les chiffres du mouvement commercial auquel il donne lieu dans les pays d'Europe à grande industrie qui le détaillent dans leurs statistiques :

Importations en 1899 :

En France (commerce spécial) : 78 millions 1/2 de kilos,
dont 37 des Indes anglaises.
20 — néerlandaises.
12 des Philippines.
3 de l'Indo-Chine.
1 de la Nouvelle-Calédonie.

## Emplois divers.

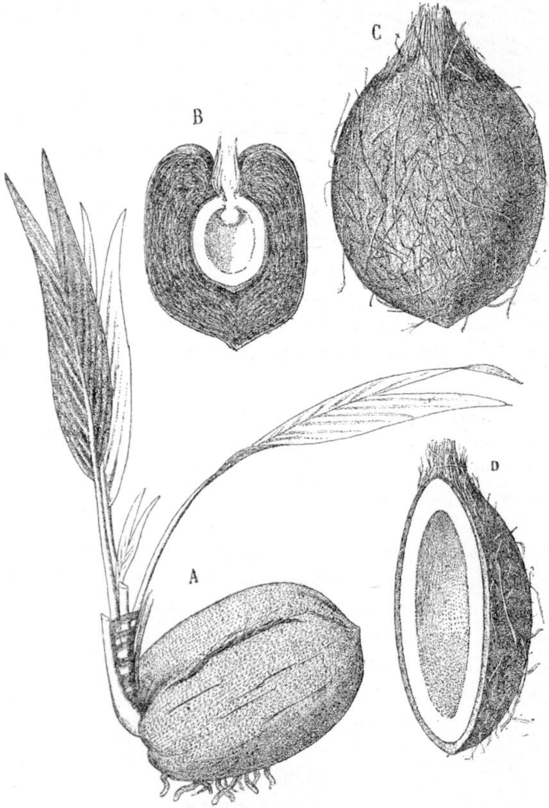


**Cocotier.**

**A.** Jeune plante encore attachée au fruit. — **B.** Coupe verticale du fruit entier montrant le « Coprah » entouré du « Coïr » — **C.** Noix de Coco entière avec quelques filaments de Coïr. — **D.** Coupe verticale de la même.

En Grande-Bretagne, où ce produit entre sous forme d'huile, il a été importé 23 1/4 millions de kilos, dont 14 de l'Inde et 5 de la Nouvelle-Galles du Sud.

L'Allemagne englobe le Coprah avec les noix de Palme (voir page 44) et a reçu des deux produits environ 13 millions de kilos.

La planche de la page 118 représente la Noix de Coco sous divers aspects.

## COTON. (Voir pages 64 à 66.)

Voici, empruntés à l'ouvrage de M. Lecomte, déjà cité, les chiffres donnant en millions de kilos la production approximative de coton dans les principaux pays se livrant à sa culture :

| | | | | |
|---|---|---|---|---|
| États-Unis . . . | 1899 | . . . . . . | 2.469 | |
| Indes anglaises. | 1897–98 | . . . . . . | 453 | Présidences de Bombay et de Madras. |
| Égypte . . . . | 1894-95 | . . . . . . | 205 | Delta du Nil. |
| Corée . . . . . | | . . . . . . | 110 | |
| Turkestan . . . | 1899 | . . . . . . | 58 | Fergana, Samarkand. |
| Mexique. . . . | | . . . . . . | 45 | |
| Brésil . . . . . | 1893–94 | . . . . . . | 33 | Surtout Pernambuco. |
| Chine . . . . . | 1897 | (*Exportations.*) | 30 | |
| Japon . . . . . | 1896 | . . . . . . | 28 | |
| Pérou . . . . . | 1897 | . . . . . . | 6 | |
| Turquie d'Asie. | 1898 | . . . . . . | 3 | |

Pour être complet, il faudrait ajouter encore les récoltes de l'Indo-Chine, des Indes néerlandaises, du Chili, de la Colombie, mais les chiffres ne nous sont pas connus.

Les importations de laines de Coton se sont élevées en 1899 :

| | | |
|---|---|---|
| En France (consommation) à près de 203 millions de kil. dont . . . . . . . . . . . . | 159 1/2 | des États-Unis. |
| | 17 1/2 | d'Égypte. |
| | 13 | des Indes anglaises. |
| En Allemagne (consommation) | 330 | millions de kilos. |
| En Grande-Bretagne — | 737 | — |

Soit ensemble environ le tiers de la production totale du globe qui ne doit pas être inférieure actuellement à 3 1/2 ou 3 3/4 milliards de kilos !

## CRIN VÉGÉTAL.

Le produit qui porte ce nom provient de différentes plantes, mais principalement des feuilles du *Chamaerops humilis* ou *Palmier nain,* très répandu dans la région méditerranéenne. C'est même le seul Palmier indigène en Europe. En Algérie il est si abondant qu'il devient souvent une gène pour l'agriculture, ses nombreux rejets et ses racines tenaces étant difficiles à détruire.

C'est un arbre à tige basse, à feuilles en éventail, ayant de longs pétioles garnis sur les bords de fortes épines, ce qui le rend précieux pour des clôtures impénétrables. Il résiste à la sécheresse, aux vents et même au froid de notre Midi où presque tout jardin le possède pour sa valeur ornementale.

Au point de vue industriel, le Palmier nain nous rend service à divers degrés. Avec ses feuilles divisées en lanières étroites, les Arabes façonnent des paniers, des nattes, des chapeaux, des cordes. On en fait aussi du papier à journaux, etc. Ces mêmes feuilles, découpées en filaments très minces, constituent le crin végétal employé à garnir des matelas, à rembourrer des meubles, des coussins.

L'Algérie exporte chaque année des millions de kilos de crin végétal.

Ce que l'on désigne dans le commerce sous le nom de *crin noir* sont les pousses d'une très curieuse plante, le *Tillandsia usneoides,* une des Broméliacées les plus répandues dans l'Amérique tropicale et subtropicale. Elle vit fixée sur des arbres, mais non en parasite, la nutrition se faisant exclusivement par les feuilles, attachées à des pousses minces comme du fil et longues de 1 à 2 mètres et au delà. Souvent les arbres sont comme voilés par les nombreuses touffes formées par ces pousses enchevêtrées, qui pendent le long des branches.

Les sapins de nos montagnes sont fréquemment couverts d'une façon analogue avec des *Usnea,* genre de Lichens ressemblant à des barbes de vieillards, d'où le nom latin de *Tillandsia usneoides.*

Rappelons en passant qu'un autre produit, le meilleur marché de tous pour garnir les matelas et dont aussi nos emballeurs se servent pour protéger les objets fragiles, le *Varech,* n'est pas, comme on le croit généralement, dû aux Algues qui portent ce nom, mais à des feuilles desséchées d'une plante phanérogame marine, très abondante dans les fonds vaseux de nos ports, le *Zostera marina* ou Zostère.

Avec le Tampico, décrit à la page 150, ce sont là à peu près tous les succédanés du crin de cheval.

## ÉCORCE DE QUINQUINA. (Voir page 32.)

Importations de 1899 pour la consommation.

| | |
|---|---|
| **France**, 1 million de kilos, dont | 728.000 des Pays-Bas.<br>234.000 de la Grande-Bretagne.<br>26.000 du Chili et de la Colombie. |

| | |
|---|---|
| **Allemagne**, 4 millions de kilos, dont | 2.520.000 des Pays-Bas et des Indes néerlandaises. |
| | 1.342.000 de la Grande-Bretagne. |
| | 280.000 de l'Amérique du Sud. |
| **Grande-Bretagne**, 1 million 3/4 de kilos dont | 840.000 de l'Inde. |
| | 414.000 de Ceylan. |
| | 34 000 du Portugal. |
| | le reste de Java, du Chili, Pérou, etc. |

La production de Java, de beaucoup la plus forte, peut être évaluée actuellement de 5 1/2 à 6 millions de kilos par an, le double de ce qu'elle était il y a dix ans.

Les Portugais à San Thomé, en Afrique, paraissent réussir également avec la culture du Quinquina, qui, il faut le dire, n'a pas donné, partout où elle a été tentée, des résultats très encourageants.

## FOURCROYA.

*Fourcroya gigantea.* (Amaryllidées.)

Dans son ensemble cette belle plante ressemble à une Agave; elle en diffère par des détails dans la fleur et le fruit, et, de prime abord, par la présence d'une tige qui souvent manque aux Agaves. Cette tige d'un mètre de haut porte à son sommet une rosette de 40 à 50 feuilles allongées, non dentées, rigides et brillantes, de un mètre et demi à deux mètres de longueur, sur dix à quinze centimètres de largeur; de leur centre naît une superbe hampe fleurie, très droite, à ramifications presque horizontales atteignant de six à neuf mètres de hauteur.

Indigène dans l'Amérique tropicale, le Fourcroya a été introduit vers 1790 à l'île Maurice où, grâce à des conditions d'existence très favorables, il s'est multiplié d'une façon extraordinaire et est devenu depuis une quinzaine d'années l'objet d'une exploitation sérieuse pour la fibre contenue dans ses feuilles. Cette fibre, moins estimée que celle du Henequen, est, après le sucre, le principal article d'exportation de Maurice où on lui donne le nom d'*Aloès vert* par opposition aux Agaves couvertes d'une pruine et appelées *Aloès bleus*. On l'appelle encore *Aloès fétide* à cause de l'odeur désagréable de son suc.

En 1899 la Grande-Bretagne en a importé près de 2 millions de kilos.

Dans les colonies allemandes de l'Afrique orientale, la culture du Fourcroya a pris une certaine extension conjointement avec celle des Agaves.

## GÉRANIUM ROSAT.

*Pelargonium capitatum.* (Géraniacées.)

Cette plante, originaire du Cap de Bonne-Espérance et répandue dans nos jardins d'agrément, ne nous occupe ici qu'au point de vue industriel. C'est elle, en effet, dont les feuilles distillées fournissent l'essence connue sous son nom et qui est fréquemment substituée ou mélangée à la véritable Essence de roses (tirée des pétales de certaines roses) du parfum de laquelle elle se rapproche beaucoup.

L'Essence de roses, jaune et épaisse, se solidifie déjà au-dessous de + 30 degrés, tandis que la première, plus limpide et d'une coloration plus pâle, reste encore liquide à une température bien inférieure : + 16 à 18 degrés.

Leurs emplois se trouvent dans la parfumerie et la médecine.

La culture du Géranium Rosat se pratique en grand sur le littoral de la Provence, en Algérie, en Tunisie et, paraît-il, aussi à la Réunion quoique aucune Flore de cette île n'y indique l'existence d'un Géranium ou d'un Pélargonium.

Le Géranium Rosat devient un arbuste de 75 centimètres à 1 mètre de hauteur, sur autant de largeur; il craint le froid mais non la sécheresse et se reproduit facilement par boutures. Les tiges sont fauchées une à trois fois par an selon les régions; il faut de 1.200 à 2.000 pieds pour obtenir autant de kilos de feuilles rendant un seul kilo d'essence, qui vaut entre 60 et 100 francs, tandis que celle de roses varie entre 1.200 et 1.500 francs pour un même poids.

D'après les statistiques, la consommation en France de ces divers produits a été en 1899 de :

| | | |
|---|---|---|
| 1.500 | kilos | d'Essence de rose. |
| 22.000 | — | d'essences diverses. |

Les deux tiers de cette Essence de roses proviennent de la Bulgarie; les essences diverses, comprenant celle de Géranium Rosat, presque exclusivement des colonies françaises ou des pays de protectorat.

En 1899, l'Algérie a exporté 4.100 kilos d'huile de Géranium Rosat à l'étranger, dont plus des 3/4 en Allemagne.

L'Essence de roses est soumise en France à un droit d'entrée de 3.000 francs au Tarif général et de 2.000 francs au Tarif minimum; celle de Géranium Rosat, de 1.000 francs (et 500 francs) les 100 kilogrammes.

Après les cigares et cigarettes, c'est le parfum tiré des roses qui est le produit végétal le plus imposé de notre Tarif des douanes. Ils ne sont dépassés que par les tubes en acier de 2 millimètres de diamètre ou moins, payant 5.000 francs (et 4.000 francs). Le règne zoologique, sous forme d'éventails en ivoire, nacre ou écaille, atteint son maximum dans cette tarification élevée avec 2.500 francs (et 2.000 francs) toujours par 100 kilogrammes.

**GIROFLE.** (Voir page 25.)

Importations en France en 1899.

| | |
|---|---|
| Clous : 720.000 kilos dont | 82.000 de Nossi-Bé.<br>17.500 de Sainte-Marie de Madagascar.<br>4.700 de nos autres colonies.<br>Presque tout le reste de Zanzibar et Pemba, directement ou indirectement. |
| Griffes : 97.000 kilos | id. |

Notre consommation intérieure ne s'est élevée qu'à 16.600 kilos de clous et 1.000 kilos de griffes, l'exportation ayant pris la différence.

En Allemagne, la consommation est de 4 à 500.000 kilos par an; la distillation doit en prendre la plus grande partie.

La Grande-Bretagne, dans ses statistiques de douane, ne donne pas de détails sur cet article, quoique Londres en soit le principal marché.

**GOMME ARABIQUE** ou **SÉNÉGAL.** (Voir page 77.)

Importations totales en 1899 :

| | |
|---|---|
| **France** :<br>7 millions de kilos, dont | 4.700.000 du Sénégal.<br>920.000 des Indes anglaises.<br>375.000 de la Turquie.<br>220.000 d'Égypte. |
| **Allemagne** :<br>3 millions 1/2 de kilos, dont | 1.540.000 des Indes anglaises.<br>560.000 de France et des colonies françaises d'Afrique. |

| | |
|---|---|
| **Grande-Bretagne :** 3 millions 1/2 de kilos, dont | 860 000 de France.<br>750.000 de l'Inde.<br>600.000 de Perse.<br>410.000 d'Égypte.<br>140.000 de la Turquie d'Asie.<br>110.000 d'Australie. |

La France réexporte les deux tiers, la Grande-Bretagne la moitié, l'Allemagne le tiers de leurs importations.

On voit par ces chiffres que notre Sénégal dépasse de beaucoup les autres pays producteurs.

## HALFA. (Voir page 67.)

Dans nos statistiques, des produits souvent très divers se trouvent fréquemment réunis (ici Halfa et Crin végétal), ce qui ne nous permet pas de donner des chiffres récents sur les importations d'Halfa en France. Nous devons nous contenter d'indiquer les exportations approximatives des principaux pays producteurs d'Halfa pour 1887 :

| | | | |
|---|---|---|---|
| Algérie. . . | 81.000 | tonnes | de 1.000 kilos. |
| Tripolitaine. | 58.000 | — | — |
| Espagne . . | 43.600 | — | — |
| Tunisie . . | 13.800 | — | — soit |

un total d'environ 196.400 tonnes, dont la plus grande partie a été absorbée par la Grande-Bretagne.

En 1899, ce pays a reçu environ 212.000 tonnes du même produit dont près de moitié d'Algérie et de Tunisie ; le reste par parties à peu près égales d'Espagne et de la Tripolitaine. Nous n'avons guère d'autre occasion de citer ce dernier pays ; profitons-en pour dire que l'Halfa est son principal article d'exportation ; l'orge, un peu d'ivoire, du cuir et quelques plumes d'Autruche sont les autres.

## HUILE DE COTON. (Voir page 64.)

Nous avons dit à la page 66 que la graine de Coton fournit environ 20 % d'huile. Négligée pendant fort longtemps, on n'utilise cette graine aux Etats-Unis que depuis 50 ans à peine, et sans pouvoir épuiser les récoltes, car en 1894-95, sur 4.813 millions de kilos de graines obtenues dans ce pays, 1.445 seulement ont été transformés en huile. Environ autant est nécessaire pour les ensemencements ; le reste, sauf un insignifiant débouché en Angleterre, paraît être perdu.

L'Égypte, par contre, n'exporte pas d'huile, mais une quantité considérable de graine de coton. La raison en est que cette dernière est sèche et nue en Égypte, tandis que celle d'Amérique est le plus souvent couverte d'un duvet, dont il a été question à la page 64. Ce duvet résiste à l'action des machines opérant l'arrachage du coton en laine ; il amène un échauffement de la graine qui peut compromettre la cargaison pendant un transport en mer et exposer le navire au danger d'incendie. Aucun procédé essayé jusqu'ici pour débarrasser les graines de ce duvet n'a encore donné des résultats satisfaisants.

Il y a donc avantage, pour les Américains, à extraire cette huile eux-mêmes ; ils obtiennent aussi une qualité supérieure à celle fabriquée dans la plupart des usines d'Europe, parce qu'ils n'écrasent pas la graine avec la cosse, mais décortiquent celle-ci avant de la broyer, et aussi parce qu'ils la traitent fraîche et sur place. Un écart de prix sensible existe du reste entre les huiles des deux provenances.

L'huile de coton est comestible et a souvent servi à falsifier l'huile d'olive. Elle trouve aussi un fréquent emploi dans la fabrication des savons, où on lui préfère cependant les huiles de Sésame et d'Arachide, le savon obtenu avec la première ne conservant pas sa couleur blanche. Néanmoins, on a dû y avoir recours, les arrivages de graines d'Arachide et de Sésame ayant souvent été insuffisants pour les besoins de l'industrie.

Les tourteaux et les farines de tourteaux, déchets que laisse la fabrication de cette huile, donnent lieu également à des transactions importantes.

Importations en 1899 en millions de kilos de :

*Graines de Coton.*

| | | | | |
|---|---|---|---|---|
| En France . . . . . | 45 1/2, | dont | 43 | d'Égypte. |
| | | | 2 1/2 | des États-Unis. |
| En Grande-Bretagne. | 363 | — | 18 | — |
| | | | 322 1/2 | d'Égypte. |

En Allemagne, l'importation dépasse un peu 1 million de kilos venant des États-Unis.

*Huile de Coton.*

| | | | | |
|---|---|---|---|---|
| En France . . . . . | 67 | dont | 64 | des États-Unis. |
| En Allemagne . . . | 25 1/2 | — | 20 | — |

La Grande-Bretagne paraît n'importer que la graine.

## HUILE D'OLIVE. (Voir page 40.)

On évalue à environ 8 millions d'hectolitres la production de l'huile d'Olive, dont 7 sont consommés dans les régions productrices et 1 seul million est exporté dans les contrées dépourvues d'oliviers. La récolte en France *en Olives* s'est élevée en 1899 à 90 millions et demi de kilos, dont les trois départements des Bouches-du-Rhône, du Var et du Gard ont produit à eux seuls près des 3/4.

Pour bien apprécier l'importance qu'a prise la Tunisie dans le commerce de cette huile depuis 1881, année où ce pays a été placé sous notre protectorat, il faut comparer les chiffres suivants de nos importations, exprimés en millions de kilos :

| | | | |
|---|---|---|---|
| En 1881, 36 1/2, | la part de la Tunisie étant de | 3 | |
| | celle de l'Algérie de . . . . | | 1/2 |
| | — de l'Italie. . . . . . . . | 25 1/2 | |
| En 1894, 31 1/2, | — de la Tunisie monte à. . | 11 | |
| | — de l'Algérie monte à . . | 1 | |
| | — de l'Italie baisse à . . . | 13 1/2 | |
| En 1899, 33 1/2, | — de la Tunisie monte à . | 15 | |
| | — de l'Algérie monte à . . | 3 | |
| | — de l'Italie baisse à . . . | 9 | |

En d'autres termes, nos achats en Tunisie et en Algérie se sont accrus à peu près dans la même proportion que ceux en Italie diminuaient.

Ce qui a pu se réaliser en Tunisie en moins de vingt ans, peut être obtenu avec de l'esprit d'initiative, de la persévérance, unis à une patience non moins indispensable, dans la plupart de nos colonies pour une foule de produits pour lesquels nous ne devrions pas être tributaires de l'étranger.

## **HUILE DE PALME.** (Voir page 44.)

Importations de 1899 pour la consommation :

France, 18 millions de kilos,

dont : 9 1/2 des colonies anglaises de l'Afrique occidentale;
1 1/2 — — — — orientale;
7 1/3 — françaises — occidentale.

Allemagne, *voir à l'article Coprah.*

Grande-Bretagne, 48 millions de kilos,

dont : 31 de Lagos;
8 des autres colonies anglaises de l'Afrique occidentale;
1 de Libéria, du Congo et des colonies françaises, allemandes, portugaises, espagnoles de l'Afrique occidentale;
6 1/2 d'Allemagne.

## AMANDES DE PALME.

Importations pour la consommation :

En France, 7 3/4 millions de kilos,

dont : 4 1/4 de nos possessions de l'Afrique occidentale;
3 1/2 des pays indépendants ou des colonies anglaises de l'Afrique occidentale.

La Grande-Bretagne et l'Allemagne ne détaillent pas ce produit dans leurs statistiques douanières.

## INDIGO. (Voir page 51.)

Ce produit tinctorial est en baisse dans nos importations.

De 1.400.000 kilos en 1868,
1.050.000 — 1894, il ne monte plus qu'à :
800.000 — 1899, dont
- 530.000 des Indes anglaises;
- 120.000 de la Colombie;
- 26.000 des Indes néerlandaises;
- 13.000 des Indes françaises.

En 1899, les importations ont atteint :

En Allemagne, 1.100.000 kilos, dont
- 725.000 des Indes anglaises;
- 130.000 des Indes néerlandaises;
- 40.000 de l'Amérique centrale.

En Grande-Bretagne, 1.000.000 kilos, des Indes.

Tous ces chiffres concernent le commerce spécial, c'est-à-dire la consommation intérieure de chacun de ces pays. La Grande-Bretagne a reçu en plus 2 autres millions de kilos qu'elle a réexportés.

On voit, d'après les provenances, où ces cultures ont de l'importance.

## JASMIN D'ESPAGNE.

*Jasminum grandiflorum.* (Oléacées.)

Cet arbrisseau, de un mètre cinquante à trois mètres de hauteur, à fleurs blanches, roses en dessous, est originaire de la région de l'Himalaya où il croît à l'état sauvage à des altitudes de 600 à 1.500 mètres. Il est cultivé en Europe depuis longtemps, mais en plein air seulement dans la région de l'Oranger.

Il donne lieu à une des plus importantes cultures dans nos départements du Var et des Alpes-Maritimes et en Algérie, pour ses fleurs odorantes servant à fabriquer l'Huile de Jasmin.

On estime de 60 à 80.000 kilos, provenant de la récolte de 15 à 16.000 arbres, la quantité de fleurs employées chaque année rien que dans les fabriques de Grasse.

Emplois variés en parfumerie.

Le *Jasmin blanc* ou *Jasmin commun*, si répandu dans nos jardins, sert rarement à la production du parfum, mais il trouve en Orient un emploi tout particulier. On le cultive spécialement pour obtenir ces grosses tiges creuses et droites servant de tuyaux de pipe aux Orientaux et bien connus sous le nom de *chibouks*. Il y en a qui atteignent plusieurs mètres de longueur et se paient des prix dépassant de beaucoup ceux que nous mettons dans nos plus belles pipes en écume. On parle de plusieurs centaines de francs!

## JUTE. (Voir page 69.)

Voici un résumé de la statistique commerciale pour les trois principaux pays industriels en Europe.

*Importation de filasse de Jute brute en 1899.*

| | | | | |
|---|---|---|---|---|
| En France. . . . . | 67.000 | tonnes, dont | 27.000 | directement de l'Inde. |
| En Allemagne. . . | 99.000 | — | 96.000 | — |
| En Grande-Bretagne. | 290.000 | — | 285.000 | — |

ce qui donne un total de. . . 408.000 tonnes de matière première achetée dans l'Inde et dont la valeur s'élève à environ 130 millions de francs. Et c'est loin d'en représenter l'exportation totale, car il faudrait ajouter les autres pays d'Europe, les États-Unis, l'Australie, etc., ainsi que la valeur des sacs fabriqués dans l'Inde.

L'industrie du Jute en France trouve un de ses meilleurs débouchés en Algérie qui, sur les 9 millions de francs de tissus manufacturés exportés, lui en a pris, en 1899, pour près de la moitié de cette somme, dont non loin de 4 millions de francs représentés par des sacs neufs ou ayant servi.

Il nous semble intéressant de mettre ici, sous les yeux de nos lecteurs, un tableau comparatif des importations du *chanvre* et de ses succédanés. On saisira mieux ainsi toute l'importance du Jute.

| Importations de 1899 *en tonnes de 1.000 kilos.* | En France commerce spécial. | Allemagne | Grande-Bretagne. |
|---|---|---|---|
| Chanvre (y compris l'étoupe) . . . . . . | 22.000 | 75.500 | 29.000 |
| Abaca. . . . . . . . . | 1.950 | 2.500 | 29.000 |
| Henequen, Phormium, Ramie, Sanseveria (*sans* Halfa, Rafia, Piassava, crin végétal, fibre de Coco) . . . . . | 9.500 | 7.000 | 33.000 |
| **Jute brute** . . . . . | 67.000 | 99.000 | 290.000 |
| Totaux. . . . | 100.450 | 184.000 | 381.000 |

Les statistiques sont loin d'être établies de la même manière dans tous les pays; certains produits, séparés dans les unes sont réunis dans d'autres, ce qui rend difficile parfois d'établir des comparaisons qui seraient intéressantes. Il en est ainsi du 3e groupe qui n'est que très approximatif. Les autres chiffres ont été arrondis afin d'en faciliter la lecture.

## LIÈGE. (Voir page 88.)

La superficie des forêts de Chêne-liège, dans les pays où elles ont quelque étendue, est approximativement la suivante :

| | | | |
|---|---|---|---|
| Algérie | 426.000 | hectares | dont 250.000 appartiennent à l'État, le reste aux communes et aux particuliers. |
| Portugal | 300.000 | — | Après le vin, le liège est son principal article d'exportation. |
| Espagne | 255.000 | — | Andalousie, Catalogne et près de Gibraltar. |
| France | 153.000 | — | Var, Pyrénées-Orientales et Corse. |
| Tunisie | 125.000 | — | Khroumirie. |
| Italie | 120.000 | — | Sardaigne, Sicile et Italie centrale. |

Quant aux importations, toujours en millions de kilos, voici ce qu'elles ont été en 1899 :

**En France** :

Liège brut ou râpé : près de 10, dont
- 6 1/2 d'Algérie.
- 1 1/2 d'Espagne.
- 3/4 de Tunisie.
- 3/4 d'Italie.
- 1/2 du Portugal.

— ouvré ; plus de 6 presque tout d'Espagne.

**En Grande-Bretagne** :

Liège brut : 25 1/4, dont
- 14 3/4 du Portugal.
- 5 3/4 d'Espagne.
- 3 de Russie (?).
- 1/2 de France.

— ouvré : 5 1/2 du Portugal, de France et d'Espagne.

**En Allemagne** :

Liège brut : 8 3/4, dont 7 3/4 du Portugal.
— ouvré : 2 1/4 d'Espagne, du Portugal et de France.

La **Corse** produit environ 2 millions de kilos de liège ; le centre de la fabrication est à Bonifacio.

**L'Italie** exporte environ 2 millions de kilos de liège brut et ouvré et en importe environ le quart de cette quantité.

**L'Algérie**, en dehors des 6 1/2 millions de kilos de liège brut exportés en France, en a encore expédié autant à l'étranger, ce qui fait un total de plus de 13 millions de kilos. Après la métropole, la Russie, avec plus de 3 millions 1/2 de kilos, est le meilleur client de l'Algérie pour cet article.

## LIN.

*Linum usitatissimum.* (Linées.)

De culture très ancienne, puisque les Assyriens et les Égyptiens la pratiquaient déjà il y a 4 ou 5.000 ans, qu'en Europe les constructions lacustres de Suisse nous en révèlent un usage remontant aussi à une époque fort lointaine, le Lin passe couramment chez nous pour une plante uniquement indigène.

Ceci est exact en tant qu'il s'agit d'en tirer de la filasse, encore que la France, si elle était réduite à ses propres récoltes, serait loin de suffire aux besoins de sa consommation, puisque en 1899 elle n'a produit que 12 millions et demi de kilos de filasse et qu'il lui a fallu en importer 75 autres millions, réexportés il est vrai en partie sous diverses formes de fils ou tissus. De ces 75 millions de kilos, 70 lui ont été fournis par la Russie, 3 1/2 par la Belgique.

Mais la graine de lin, qui renferme environ 30 % d'une huile siccative, indispensable dans certaines industries, nous offre un écart encore beaucoup plus grand, entre notre production et les besoins de l'industrie. La France récolte à peine 9 millions de kilos de graines et doit en importer plus de 127 autres millions de kilos. C'est ici que le Lin nous apparaît comme plante exotique, car sur ce dernier chiffre nous constatons que

| | | | |
|---|---|---|---|
| | 76 | millions proviennent | de l'Inde; |
| | 38 | — — | de la République Argentine; |
| et | 9 | — (seulement) — | de la Russie. |

Les importations anglaises de 1899 se décomposent en

| | | |
|---|---|---|
| 188 | millions de kilos | de l'Inde; |
| 72 | — — | de la République Argentine; |
| 45 | — — | de Russie; |
| 18 | — — | des États-Unis; |
| 17 | — — | du Canada; |
| 20 | — — | d'autres provenances. |
| Total : 360 | millions de kilos. | |

Celles d'Allemagne, toujours pour la même année, en

| | | |
|---|---|---|
| 102 | millions de kilos | de Russie; |
| 115 | — — | de l'Inde; |
| 23 | — — | de la République Argentine; |
| 27 | — — | d'autres provenances; |
| Total : 267 | millions de kilos. | |

Ce qui fait, pour ces trois pays seulement, une importation de :

| | | |
|---|---|---|
| 156 | millions de kilos | de Russie; |
| 133 | — — | de la République Argentine; |
| 379 | — — | de l'Inde. |

C'est le Bengale qui, à lui seul, fournit plus de moitié de la graine de lin provenant de l'Inde, qui constitue, avec le Thé et le Jute, le plus important article d'exportation de cette riche contrée.

Ce produit nous parvient toujours sous forme de graine,

les importations d'huile sont à peu près nulles. Constatons en passant, que les graines oléagineuses ne paient pas de droits d'entrée en France, tandis que les huiles qui en sont tirées sont soumises à un droit de 6 francs par cent kilos.

L'huile de lin s'emploie en peinture; bouillie, elle fournit les vernis et entre dans la composition des encres d'impression; elle sert à faire les toiles cirées, les tapis Linoleum, etc. Les résidus ou tourteaux, utilisés comme nourriture pour les animaux que l'on veut engraisser, donnent lieu à un mouvement d'affaires également très considérable.

On trouvera une figure coloriée de la plante dans *Siélain*, Atlas de poche des plantes des champs, Série I, pl. 96, volume qui fait partie de la même collection que celui-ci.

## LIN DE LA NOUVELLE ZÉLANDE.

*Phormium tenax*. (Liliacées.)

Assez répandue en Europe pour son feuillage ornemental, cette belle plante vivace, à nombreuses feuilles persistantes, ayant la forme de celles de nos Iris et un à deux mètres de longueur, est indigène à la Nouvelle-Zélande où déjà le navigateur Cook remarqua ses emplois comme textile par les indigènes.

Ces feuilles offrent une résistance extraordinaire et sont capables de subir un effort de tension de 500 kilogrammes. Aussi, la réputation du Phormium se fit-elle rapidement.

Malheureusement, au point de vue industriel, la production en a-t-elle toujours été des plus irrégulières, variant entre 6.000 et 2.000 tonnes en 1873 et 1874, pour tomber à 639 en 1875, à 445 en 1879, remontant ensuite à 1.000 et 2.000 pour retomber à 1.100, etc.

La fibre du Phormium est non moins estimée que celle du Chanvre de Manille; elle sert aux mêmes usages.

## MAIS.

*Zea Mays*. (Graminées.)

Si certains pays d'outre-mer ne contribuaient pas à l'alimentation de l'Europe en céréales, le Maïs, quoique d'origine américaine, mais acclimaté depuis fort longtemps en Europe et dans les autres parties du monde, ne rentrerait pas dans notre cadre.

Voici quelques chiffres pour montrer l'importance considérable de la production de cet article dans les pays où sa culture se pratique en grand. Pour en simplifier la lecture, ces chiffres ont été arrondis :

| | | |
|---|---|---|
| Espagne . . . . | 5 | millions d'hectolitres en 1899. |
| Autriche . . . . | 5 | — — — |
| France . . . . . | 9 | — — — |
| Roumanie . . . | 10 | — — — |
| Russie d'Europe. | 10 | — — — |
| Italie . . . . . | 31 | — — — |
| Hongrie . . . . | 45 | — — — |
| États-Unis . . . | 727 | — — — formant |

un total dépassant 842 millions d'hectolitres dans lequel les États-Unis entrent à eux seuls pour au delà de 85 pour cent, laissant derrière eux les deux plus forts pays producteurs pour le froment et le seigle (Russie d'Europe et encore États-Unis), dont ces récoltes réunies en 1899 n'ont pas dépassé environ 638 millions d'hectolitres.

La République Argentine fournit encore un fort contingent; l'Inde en produit aussi de grandes quantités pour sa consommation intérieure, mais n'en exporte pas ou peu.

En France, quatre départements du Sud-Ouest : Basses-Pyrénées, Haute-Garonne, Landes et Lot-et-Garonne, produisent à eux seuls plus de la moitié des 9 millions d'hectolitres indiqués plus haut; mais cette quantité est loin de suffire, puisque, déduction faite de l'exportation, la France en importe encore près de 8 millions d'hectolitres.

## MUSCADE. (Voir page 15.)

Nous empruntons la plupart des chiffres qui suivent à un ouvrage du Prof. Warburg, qui a publié en 1896 une monographie de près de 650 pages sur ce seul produit.

### Nombre approximatif de Muscadiers producteurs.

| | | |
|---|---|---|
| Iles de Banda. . . . . | 400.000 | *Total des Colonies hollandaises* : 850.000 |
| Sumatra . . . . . . . . | 190.000 | |
| Autres îles des Indes néerlandaises . . . | 260.000 | |
| Presqu'île de la Malaisie . . . . . | | 130.000 |
| Antilles . . . . . . . . . . . . . | | 70.000 |
| | | 1.050.000 arbres, |

auxquels il faut ajouter ceux de Ceylan, des îles de l'Afrique orientale, du Brésil et de la Guyane.

### Production du globe en Noix et Macis :

| | | |
|---|---|---|
| En 1634. . . . | 424.000 | kilos. |
| 1778. . . . | 20.000 | — |
| 1817-18 . . | 350.000 | — |
| 1860. . . . | 1.607.000 | — |
| 1861-64 . . | moins de moitié du chiffre précédent. | |
| 1885-94 . . | 1.997.000 | kilos. |

Il faut admettre environ 4/5 en noix et 1/5 en macis.

Le commerce de ces deux produits, autrefois uniquement concentré en Hollande, y est encore aujourd'hui fort important et en représente les 2/3 ; Londres puis New-York centralisent le reste. Ces transactions s'élèvent à au moins 8 ou 9 millions de francs par an.

Dans ces gros chiffres la France ne tient qu'un faible rang avec sa consommation en 1899 : à peine 28.000 kilos de noix et 3.000 kilos de macis, en légère augmentation depuis une vingtaine d'années.

L'Allemagne en absorbe plus de 12 fois autant. L'Angleterre ne détaillant pas dans ses statistiques les épices autres que le poivre, le gingembre et la cannelle, nous ne pouvons en indiquer la consommation.

## NOIX DE GALLES. (Voir page 55.)

Importations pour la consommation en 1899 :

France, 2.727.000 kilos,
dont : 1.362.000 de la Turquie;
1.140.000 des Indes anglaises;
114.000 de la Chine et du Japon;
37.000 du Pérou et du Chili.

Allemagne, 2.500.000 kilos,
dont : 1.470.000 de la Chine;
427.000 de la Turquie;
189.000 du Japon.

Grande-Bretagne, 1.328.000 kilos,
dont : 964.000 de la Turquie d'Asie;
239.000 de la Chine et du Japon;
93.000 de la Perse.

## PIASSAVA.

Sous ce nom d'origine Sud-américaine on désigne une grosse fibre élastique et rigide fournie par la base élargie de la tige des feuilles de certains Palmiers, et que l'on emploie à fabriquer des cordes, des brosses, des pinceaux, des balais, notamment ceux montés sur de grands cylindres et que des voitures traînées par un cheval mettent en mouvement pour le nettoyage des rues.

Il y a peu d'années encore, le seul Piassava provenait de l'*Attalea funifera,* grand Palmier répandu au Brésil, d'où les ports de Bahia et Para en expédiaient de grandes quantités en Europe. Mais la production de cette sorte, une des plus estimées, a baissé considérablement. Aussi emploie-t-on aujourd'hui et toujours sous le même nom, des fibres provenant d'autres Palmiers, notamment d'Afrique. Le bassin du Niger et Libéria en exportent de grandes quantités ; le marché principal est à Hambourg.

En 1899, ce port a reçu 2.465 tonnes de Piassava, vendu entre 20 et 25 francs les 100 kilogrammes ; le prix le plus élevé a été payé pour celui de Madagascar, provenant également d'un Palmier ; c'est le plus estimé. On se plaint seulement de ses faibles arrivages : 17 tonnes.

Fréquemment, cette fibre arrive sur le marché mal nettoyée et humide ; ceci ainsi qu'une trop faible longueur la rendent souvent presque invendable.

Voir *Raffia* et *Bassine*.

## POIVRE.

Rien ne fera mieux apprécier l'importance croissante de l'Indo-Chine pour la production du Poivre, que les chiffres suivants de nos **importations en France** à 18 années d'intervalle ; ces chiffres ne comprennent que les quantités consommées.

| | 1881 | 1899 |
|---|---|---|
| | — | — |
| | 2.518.000 kilos | 2.882.000 kilos |
| dont | 2.225.000 | 1.053.000 des Indes anglaises. |
| | 95.000 | 1.815.000 de l'Indo-Chine. |

Les importations se sont élevées en :

**Allemagne** (1899) (consommation)

à 4.420.000 kilos, dont { 3.210.000 des Indes anglaises ; 438.000 des Indes néerlandaises et de la Hollande.

**Grande-Bretagne** (1899).

à 10.829.000 kilos, dont { 9.007.000 des Indes anglaises ; 1.214.000 de Java et des Pays-Bas.

La Grande-Bretagne ayant réexporté dans la même année environ 10 millions de kilos, sa consommation intérieure de Poivre n'atteint même pas 2 millions de kilos. Les États-Unis d'Amérique, l'Allemagne et l'Autriche sont les meilleurs clients des Anglais pour ce produit qu'ils tirent pour plus des 2/3 de Singapore et de Penang en Malaisie, compris par eux dans la rubrique de British India. Notre ouvrage réserve le terme « Indes » au seul Hindoustan continental, à l'exclusion de Ceylan, de la Birmanie et de la Malaisie anglaises.

Les exportations de Poivre de Sumatra et Java à Penang et à Singapore étant très considérables, il en résulte qu'une grande quantité de cette espèce néerlandaise circule comme produit anglais.

## RAPHIA.

*Raphia vinifera,* var. *tædigera.* (Palmiers.)

Ce Palmier est un des plus grands connus ; il atteint jusqu'à 15 mètres de hauteur ; son tronc court mais épais est couronné par d'énormes feuilles profondément divisées, attachées au tronc par d'épaisses tiges (pétioles) entre lesquelles naissent des grappes de fruits très ramifiées et denses, longues d'environ un mètre.

Cette espèce est répandue dans l'Afrique occidentale ; une autre, le *Raphia Ruffia,* de dimensions moindres, est abondante sur la côte orientale d'Afrique et à Madagascar.

Les deux espèces ont pris une grande importance commerciale, surtout depuis une vingtaine d'années, pour la fibre qu'on retire des feuilles et que l'on désigne souvent, mais à tort, sous le nom de Raphia du Japon.

Cette fibre est le dessous des *folioles* (divisions latérales) des jeunes feuilles que les indigènes détachent au couteau, après avoir enlevé la nervure centrale. Ces fibres ou lanières sont très longues, aussi légères que solides et souples, et peuvent être divisées en filaments encore plus minces.

Leur emploi se trouve en horticulture et en viticulture pour faire des liens; on conseille, afin d'en éviter la pourriture, de tremper pendant deux jours le Raphia dont on veut se servir, dans de l'eau additionnée de 1 kilo de sulfate de cuivre (vitriol bleu) pour 1.000 litres d'eau.

Le Raphia, qui nous parvient sous forme de grosses nattes, sert encore à la confection de paniers, de rideaux, de tapis, de pantoufles et autres objets de fantaisie ; souvent on le teint en diverses couleurs.

La meilleure qualité vient de Madagascar qui, du reste, en produit aussi la plus grande quantité et dont c'était jusqu'ici le plus important article d'exportation : environ 420 tonnes en 1890 ; 1.200 en 1898 et 1.400 en 1899, dont la moitié à peine est entrée en France, Hambourg, qui en est un marché très avide, absorbant presque tout le reste.

Voir *Piassava*.

## RICIN.

*Ricinus communis*. (Euphorbiacées.)

Tout le monde connaît le Ricin, cette plante à larges feuilles cultivée dans nos jardins au point de vue décoratif. Originaire, croit-on, de l'Abyssinie et de la Haute-Égypte, elle est répandue et cultivée en grand aux Indes depuis un temps très reculé, notamment dans les Présidences de Bombay et de Madras où elle devient un arbre de plusieurs mètres de hauteur.

Sans insister sur les emplois bien connus de l'huile de Ricin, en anglais *Castor Oil,* nous nous bornerons ici à donner les exportations de l'Inde en 1889-90, sous forme de :

Graines : 45 millions de kilos ;

Huile : 121.000 hectolitres.

L'exportation de cette dernière a été à peu près stationnaire de 1878 à 1890, tandis que celle des graines a augmenté dans la proportion de 1 à 12.

Les plus forts acheteurs de graines sont par ordre d'importance : la France, la Grande-Bretagne, l'Italie, la Russie et la Belgique; pour l'huile, c'est d'abord l'Australie, puis la Malaisie, la Chine, l'île Maurice et Ceylan.

Nos statistiques en France ne mentionnent pas ces deux produits ; il faut consulter celles de l'Inde pour apprendre que nos achats de graines de Ricin y ont été en 1889-90 de 23 millions de kilos, plus de la moitié de toute l'exportation de cette riche contrée !

## RIZ. (Voir page 9.)

Importations en 1899 pour la consommation :

| | | |
|---|---|---|
| **France** : 152 millions de kilos, dont | 120 | de l'Indo-Chine. |
| | 10 1/2 | des Indes anglaises. |
| | 8 1/4 | du Japon. |
| | 5 1/2 | des Indes néerlandaises. |
| | 5 | d'Italie. |
| **Allemagne** : 367 millions de kilos, dont | 291 | des Indes anglaises. |
| | 25 1/2 | des Indes néerlandaises et Pays-Bas. |
| | 23 | du Japon. |
| | 10 1/2 | du Siam. |
| | 6 1/2 | du Danemark. |
| | 4 | de la Cochinchine. |

| | |
|---|---|
| **Grande-Bretagne** : 292 millions de kilos, (sur lesquels 178 réexportés) dont : | 140 de la Birmanie anglaise.<br>71 du Bengale.<br>23 des Pays-Bas.<br>21 de l'Indo-Chine.<br>19 du Japon. |

L'Italie produit annuellement environ 500 millions de kilos de Riz dont elle absorbe la plus grande partie; la France, l'Autriche-Hongrie, la Turquie et la République Argentine (où il y a une importante colonie italienne) lui achètent de 8 à 10 % de sa récolte.

## SAVON, BOUGIES, GLYCÉRINE.

Un grand nombre de plantes (pages 40 à 46) fournissent des corps gras servant à faire des savons, des bougies et de la glycérine; nous donnons ici les chiffres de notre commerce en 1899 pour ces trois articles.

| | | | |
|---|---|---|---|
| Importations pour la consommation. | Savons de parfumerie . | 149.000 | kilos. |
| Exportations . . | — — . | 3.362.000 | — |
| Importations pour la consommation. | Savons autres. . . | 1.343.000 | — |
| Exportations . . | — . . . | 23.562.000 | — |
| Importations pour la consommation. | Bougies . . . . . | 10.600 | — |
| Exportations . . | — . . . . . | 5.130.000 | — |

L'industrie de ces articles est particulièrement florissante à Marseille; mais la Grande-Bretagne nous dépasse encore de beaucoup, car, en 1899, elle a exporté plus de 47 millions de kilos de savon, dont les 2/3 dans ses colonies, et 12 1/2 millions de kilos de bougies avec une proportion encore un peu plus élevée pour ses possessions d'outre-mer. La lutte est égale, les *graines* et *fruits* oléagineux n'étant soumis à des droits d'entrée ni chez les Anglais, ni chez nous. (Voir le tarif des douanes à la fin du volume.)

Par la saponification des corps gras, on obtient un produit important, la *glycérine,* préparée pour la première fois en 1779, par Scheele, chimiste suédois. Elle est employée en pharmacie et sert dans l'industrie à faire la nitroglycérine et la dynamite, ainsi qu'à la fabrication de certaines encres, couleurs, etc.

En 1899, la France en a exporté 7 millions 1/2 de kilos, contre une importation pour la consommation d'à peine 200.000 kilos. Les statistiques de la Grande-Bretagne réunissant la glycérine avec d'autres produits chimiques, il est impossible d'indiquer l'importance de son commerce, qui cependant doit être considérable, l'Allemagne seule ayant importé en 1899 près de 5 1/2 de glycérine d'Angleterre, sur un total de 11 millions de kilos; la part de la France n'est que la moitié de celle des Anglais dans les importations allemandes.

## SPARTE.

*Lygeum Spartum.* (Graminées.)

Espagnol : *Albardine.* Arabe : *Sennerah.*

L'Halfa décrit à la page 67 est quelquefois désigné aussi sous le nom de Sparte à cause de la similitude des emplois, mais ce sont deux Graminées assez différentes. L'une et l'autre sont vivaces et forment des touffes de feuilles s'enroulant à l'état sec et ressemblant ainsi à celles du jonc. Elles diffèrent par l'inflorescence (groupement des fleurs), allongée et lâche chez l'Halfa, courte et serrée dans le Sparte. Le rhizome (tige souterraine) de ce dernier est rampant, recouvert d'écailles brillantes qui manquent à l'Halfa. Une description botanique plus détaillée serait de nature trop technique pour être donnée ici.

Le Sparte est encore plus répandu que l'Halfa, mais ne forme jamais des colonies aussi étendues et aussi denses. On le récolte comme celui-ci.

Pour la fabrication du papier on préfère l'Halfa, dont la fibre est plus courte, mais qui laisse moins de déchets.

Les indigènes algériens, tunisiens et tripolitains recherchent le Sparte, appelé aussi *Halfa maboul*, comme étant plus malléable pour la confection des cordages, filets, couffins et autres objets de sparterie, dont les îles de Kerkenna, près de Sfax en Tunisie, qui en ont une sorte de monopole, fabriquent pour près de 140.000 francs par an.

Pour pouvoir être employé à ces usages, le Sparte aussi bien que l'Halfa doivent subir un rouissage; on n'emploie que les brins longs à pointe fine et intacte.

## **SUCRE**. (Voir page 7.)

Importations en France, en 1899, pour la consommation :

Valeur 33 millions de francs.

Sucre de canne en poudre des colonies françaises : 104 millions de kilos, dont. . . { 38 de la Guadeloupe; 35 1/2 de la Réunion; 30 1/2 de la Martinique.

Sucre de canne en poudre des colonies étrangères : 1.733.000 kilos, dont 1/2 de l'île Maurice.

Dans la même année, la récolte de Betteraves à sucre en France a donné plus de 7.200 millions de kilos d'une valeur de 185 millions 1/2 de francs; l'Aisne, le Nord, le Pas-de-Calais et la Somme, à eux seuls, entrent pour les 2/3 dans cette quantité.

La Grande-Bretagne a importé pour sa propre consommation, en 1899, un total de 1 million 1/2 de tonnes de sucre raffiné ou non, représentant une valeur de 450 millions de francs, dont plus de moitié d'Allemagne, un cinquième de France et un peu au delà de 5 % de ses propres colonies.

| | | |
|---|---|---|
| Pays-Bas . . . . . . | 3 | culture très ancienne (depuis 1615) et bien comprise. |
| Roumanie. . . . . . | 3 | |
| Bulgarie . . . . . . | 2 | |
| Italie . . . . . . . . | 2 | |
| Serbie . . . . . . . | 1 1/2 | |
| Suisse . . . . . . . | 1 1/2 | surtout dans les cantons du Valais et de Fribourg. |

Il faudrait encore y ajouter la production de la Chine, difficile à évaluer; cette culture y est très ancienne et répandue partout. L'exportation en 1893 a atteint près de 7 millions de kilos.

On sera surpris de ne pas trouver ici l'Égypte, dont cependant les cigarettes sont bien connues; c'est qu'elles ne sont que fabriquées en Égypte, mais avec des produits turcs, la culture du Tabac y étant interdite depuis 1890.

Au Maroc, les étrangers peuvent seuls importer du tabac pour leur usage personnel; les indigènes n'ont le droit ni d'en cultiver, ni d'en consommer.

En Grande-Bretagne et en Espagne, nous l'avons dit page 30, la culture n'est pas autorisée ou du moins ne l'était pas encore il y a quelques années.

## TAMPICO ou ISTLE.

Plante de dimensions sensiblement moindres que le Henequen (voir page 73), à feuilles marquées d'une ligne horizontale plus ou moins pâle, garnies de dents rapprochées, très répandue entre 1.000 et 2.000 mètres d'altitude sur les hauts plateaux du Nord-Est du Mexique où elle est connue sous le nom de *Lechuguilla* (Petite Laitue).

Elle n'est l'objet d'aucune culture et ne se trouve qu'à l'état spontané, à l'inverse du Henequen, cultivé en grand dans les parties chaudes du Mexique.

On essaye actuellement d'acclimater ces diverses Agaves en Algérie, où celles à Tampico pourraient trouver des conditions climatériques assez favorables, tandis que le Henequen s'accommoderait peut-être moins d'une région bien différente de celle des tropiques où il réussit si bien.

Le Tampico, nom donné à la fibre de Lechuguilla, d'après son principal port d'exportation au Mexique, est plus court et moins fin que le Henequen ; on l'emploie en matelasserie et pour la brosserie.

La souche trouve également une application. Elle contient un principe saponifère analogue à celui du Bois de Panama. Coupée en morceaux, elle sert aux indigènes à la place de savon. La fibre tirée des feuilles peut être employée de même.

On attribue souvent à l'*Agave americana,* acclimatée sur les bords de la Méditerranée, des usages qu'elle n'a jamais eus. Cette espèce, souvent appelée, mais à tort, Aloès, a surtout une valeur ornementale et n'est cultivée ni pour la fibre, ni pour le savon, ni pour le Pulque, cette boisson nationale des Mexicains dont nous n'avons pas à nous occuper ici, vu qu'elle n'est pas exportée.

## **THÉ**. (Voir page 3.)

Importations en 1899 :

| | |
|---|---|
| **France** : 2 millions de kilos, dont : | 885.000 kilos pour la consommation intérieure. La Chine en fournit la moitié, les Indes anglaises presque l'autre moitié. L'Indo-Chine, 84.000 kilos. |
| **Allemagne** : 4 millions de kilos, dont : | 3 millions de kilos pour la consommation intérieure. La Chine en fournit les 2/3. |

| | |
|---|---|
| **Grande-Bretagne** : 131 millions de kilos, dont : | (117 millions de kilos pour la consommation intérieure.)<br>63 du Bengale ;<br>46 de Ceylan ;<br>15 1/2 de Chine ; cette provenance baisse constamment. |

Il est à peu près impossible d'indiquer la production globale du Thé, les quantités consommées par la Chine, principal pays producteur, échappant à tout contrôle. Ce qui est certain, c'est que la production à Ceylan et aux Indes augmente et que l'exportation de la Chine diminue.

## VACOUA.

*Pandanus utilis.* (Pandanées.)

Arbre de 6 à 10 mètres de hauteur, à feuilles rigides, longues et larges, épineuses sur les bords, très commun et même cultivé pour son feuillage à l'île de la Réunion.

Quand l'arbre a atteint trois ou quatre ans, ses feuilles présentent leurs plus grandes dimensions (jusqu'à 2 mètres de longueur). On les coupe alors et en retire des fibres d'un jaune sale mat, de 40 à 70 centimètres de longueur, et variant en grosseur entre celle d'un fil et un millimètre. Elles servent presque uniquement à la confection des sacs, très recherchés par nos colonies des Antilles pour l'emballage du sucre.

Dans les arbres plus âgés, les feuilles perdent leurs dimensions et leurs qualités fibreuses.

La fibre de Vacoua ne peut utilement servir à faire des cordages, leur résistance étant faible et de beaucoup inférieure par exemple à celle des chanvres de Manille, du Yucatan, etc.

Cet arbre a été introduit dans le même but aux Indes, à Nossi-bé, à Tahiti, etc. Mais la Réunion seule exporte des sacs faits avec son produit, tous destinés à nos colonies sucrières.

## VANILLE. (Voir page 24.)

Importations en France en 1899.

156.000 kilos dont { 86.000 de la Réunion ; 13.000 de la Guadeloupe ; 14.000 de nos autres colonies, desquelles 37.000 sont entrés dans la consommation ; le reste a été exporté en Allemagne, aux États-Unis, en Angleterre, en Russie, etc.

Il convient de remarquer, à propos de la Guadeloupe, que cette île produit de la Vanille et du Vanillon, ce dernier obtenu du *Vanilla Pompona*. C'est une sorte, de qualité et de prix très inférieurs à ceux de la Vanille.

L'Allemagne importe par an de 40 à 50.000 kilos de Vanille ; les États-Unis environ 75.000. La production du globe doit dépasser 250.000 kilos ; la Réunion puis le Mexique en fournissent la plus grande partie.

## VÉTIVER ou VÉTYVER.

*Andropogon muricatus.* (Graminées.)

Plante vivace dont les nombreuses tiges minces et dressées atteignent 1 m. 50 à 2 mètres de hauteur, et les feuilles, étroites, 50 centimètres à 1 mètre de longueur, indigène dans l'Inde où elle pousse en abondance à l'état sauvage le long des côtes et des rivières, remontant jusqu'à Lahore dans le Pendjab, souvent cultivée.

Elle porte de nombreux noms dans sa patrie et y est connue sous ceux de *Cuscus, Khus-Khus, Vetti-ver,* etc., d'où sa dénomination européenne. Son usage doit être fort ancien, car on a découvert un document hindou d'après lequel elle était frappée d'un impôt il y a de cela huit cents ans.

Les emplois du Vétiver sont multiples ; ce sont surtout les longues racines fibreuses très odorantes que l'on utilise à faire des « Tatties », sortes d'éventails ou nattes que dans la saison chaude on arrose et suspend au-dessus des portes pour répandre une fraîcheur aromatique dans les habitations. De ces mêmes racines on retire par la distillation une essence très appréciée dans la parfumerie européenne. Elle vaut jusqu'à 800 francs le kilo.

Tout le monde connaît ces petits paquets de racines ressemblant un peu à du chiendent, mais plus fibreuses, que l'on met avec le linge et les vêtements, soit pour les parfumer, soit pour les préserver des insectes. Réduites en poudre, ces racines servent à faire des sachets. Les tiges peuvent fournir du papier ; on en fait des paniers et autres menus objets ; à l'état jeune, elles sont mangées par les animaux ; sèches, on les donne en litière aux chevaux et on s'en sert de chaume pour les toits.

La médecine hindoue fait usage de l'essence et de la poudre. En Europe, le Vétiver entre dans la composition d'une eau dentifrice et est quelquefois employé en médecine comme stimulant.

Dans nos colonies, le Vétiver s'est naturalisé à la Réunion, où il sert de haies.

Voir : *Citronnelle.*

des produits végétaux décrits ou cités dans l'ouvrage.

## PARTIE I

| Pages correspondantes | Nom français | Synonyme français | Nom allemand | Nom anglais | Nom hollandais | Nom italien |
|---|---|---|---|---|---|---|
| 1 | Café | | Kaffee | Coffee | Koffij | Caffè |
| 3 | Thé | | The | Tea | Thee | The |
| 5 | Cacao | | Kakao | Cocoa | Cacao | Cacao |
| | Chocolat | | Schokolade | Chocolate | Chocolade | Cioccolata |
| 7 | Sucre | | Zucker | Sugar | Suiker | Zucchero |
| | Sucre de canne | | Rohrzucker | Sugar of cane | Rietsuiker | Zuccherro di canna |
| 9 | Riz | | Reis | Rice | Rijst | Riso |
| 11 | Mil | Sorgho | Hirse | Broom corn | Gierst | Saggina Sorgo |
| 12 | Bananes | | Bananen, Pisang | Bananas | Banaane | Banani, Fichi d'Adam |
| 13 | Manioc | | Maniok | Manioc | Maniok-Zetmeel | Manioca |
| | Tapioca | | Tapioka | Tapioca | | Tapioca |
| 14 | Figues | | Feigen | Figs | Vijgen | Fichi |
| 15 | Noix Muscade | | Muskatnuss | Nutmegs | Muskaatnoten | Noci moscate |
| | Macis | | Muskatblüthe | Mace | Muskaatfoelie | Mace |
| 16 | Canelle | | Zimmt | Cinnamomum | Kaneel | Cannella |
| 17 | Poivre | | Pfeffer | Pepper | Peper | Pepe |
| 19 | Poivre de la Jamaïque | Piment de la Jamaïque | Nelkenpfeffer | Allspice | Jamaïca peper | Pimento inglese |

| Pages correspondantes | Nom français | Synonyme français | Nom allemand | Nom anglais | Nom hollandais | Nom italien |
|---|---|---|---|---|---|---|
| 20 | Piment | Poivron, Poivre rouge | Spanischer Pfeffer | Red Pepper | Spaansche peper | Peperoni |
| 21 | Huile d'œillette | Huile de Pavot | Mohnoel | Poppyoil | Maan-olie | Olio di Papavero |
| | Opium | | Opium | Opium | | Oppio |
| 22 | Cardamomes | | Cardamomen | Cardamoms | Kardamome | Cardamomi |
| 23 | Dattes | | Datteln | Dates | Dadel | Datteri |
| 24 | Vanille | | Vanille | Vanilla | Vanielje | Vainiglia |
| 25 | Clous de girofle | | Gewürznelken | Cloves | Kruidnagelen | Chiodi di garofani |
| | Griffes — | | Nelkenstiele | | | |
| 26 | Ananas | | Ananas | Pine Apples | Ananas | Ananassi |
| 27 | Mandarine | | Mandarine | Mandarin Orange, Maltese Orange | | Mandarini |
| 28 | Caroubes | Carrobes | Johannisbrod | Carob-beans | | Carubbe |
| 29 | Badiane | Anis étoilé | Sternanis | Star Anise | Sternanijs | Anaci stellato |
| 30 | Tabac | | Tabak | Tobacco | Tabak | Tabacco |
| 31 | Figue de Barbarie | Figue d'Inde | Cactusfeigen | Prickly Pear | | Fichi d'India |
| 32 | Quinquina (écorce de) | | Chinarinde | Cinchona bark, Peruvian bark | Kina | Corteccia di china |
| 34 | Coca (feuilles de) | | Kokablätter | Coca leaves | Coca | Foglie di Coca |
| 35 | Cola (noix de) | | Kolanüsse | Colanuts | Kolanoot | Noci di Kola |
| 36 | Ipécacuanha | Ipéca | Ipecacuanha | Ipecacuanha | | Ipecacuana |
| 37 | Camphre | | Kampfer | Camphor | Kamfer | Canfora |
| 38 | Baume de Tolu | | Tolubalsam | Balsam of Tolu | Tolu-balsem | Balsamo del Tolù |

| | | | | | | |
|---|---|---|---|---|---|---|
| | Huile — | | Olivenoel | Olive-oil | Olijf-olie | Olio di Oliva |
| 41 | Arachides | Cacaouettes | Erdnüsse | Earthnuts | Aardnoot | Arachidi |
| | Huile d'arachides | | Erdnussoel | | Katjong Katjang-olie | |
| 43 | Noix de Coco | | Kokosnüsse | Cocoanuts | Kokosnoot | Noce di Coco |
| | Coïr | | = | = | = | = |
| | Coprah | | = | = | = | = |
| 44 | Huile de Palme | | Palmoel | Palmoil | Palm-olie | Olio di Palma |
| 45 | — Sésame | | Sesamoel | Gingelly Sesam-oil | Sesam-olie | Olio di Sesamo |
| 46 | — Touloukouna | | | | | |
| | Beurre d'Illipé | Illipé | Illipe-Butter | Illipi-Butter | | |
| 47 | Patchouly | | Patchouly | Patschouly | = | Patchouli |
| 48 | Ylang-Ylang | | = | = | = | = |
| 49 | Bois de Santal | | Sandelholz | Sandal-wood | Sandelhout | Legno di Sandalo |
| 50 | Curcuma | | Gelbwurz | Turmeric | | Terramerita, Curcuma |
| 51 | Indigo | | Indigo | Indigo | Indigo | Indaco |
| 52 | Pernambouc (Bois de) | Brésillet de Pernambouc | Rotholz | Brazil-wood | Braziliëhout | Legno del Brasile |
| 53 | Campêche (Bois de) | | Blauholz | Logwood | Campêche-hout | Campeggio |
| 54 | Quercitron (Ecorce de) | | Quercitronrinde | Quercitron-bark | | Corteccia di Quercitrone |
| 55 | Noix de Galles | | Galläpfel | Galls, Nutgalls | Galnoote | Noci di Galla |
| 56 | Myrobolans | | Myrobolanen | Myrobolans | | Mirobolani |
| 57 | Quebracho | | Quebracho | Quebracho | | Quebracho |
| 58 | Rocou | | Orlean | Arnasso | Orlean | Oriana |
| 59 | Gambier | Cachou jaune | Gambir | Gambir | Gambier | Gambier |

| Pages correspondantes | Nom français | Synonyme français | Nom allemand | Nom anglais | Nom hollandais | Nom italien |
|---|---|---|---|---|---|---|
| 60 | Cachou | | Catechu | Cashoo | | Catecu |
| 61 | Dividivi | Libidivi | Dividivi | Dividivi | | Dividivi |
| 62 | Chanvre de Manille | Abaca | Manillahanf | Manilahemp | Manila-hennep | Canapa di Manilla |
| 63 | Kapok | | Kapok | Kapok | Kapok | Kapok |
| 64 | Coton | | Baumwolle | Cotton | Katoen | Cotone |
| | Huile de coton | | Baumwollensaatoel | Cotton-oil | Katoen-olie | Olio di Cotone |
| 67 | Halfa | Alfa | Halfa | Alfa | | Alfa, Sparto di spagna |
| 69 | Jute | | Jute | Jute | Jute | Iuta |
| 71 | Sansevieria | | = | = | = | = |
| 72 | Ramie | Ortie de Chine | Chinagrass | China-grass | Ramêh | Ramié |
| 73 | Henequen | Chanvre de Sisal, — du Yucatan | Sisalhanf | Sisalhemp | | Agave |
| 75 | Cire végétale | | Pflanzenwachs | Vegetable wax | Plantenwas | Cere vegetali |
| 76 | Copal | | Kopal | Copal | Kopal | Coppale |
| 77 | Gomme arabique | Gomme Sénégal | Gummi arabicum | Gum arabic | Arabische gom | Gomma arabica |
| 78 | Bois de Panama | Panama | Quillajarinde | Quillàja-bark | | Legno di Panama |
| 79 | Caoutchouc | Gomme | Kautschuk | India-Rubber, | Gomelastiek | Gomma elastica, |

| | | | | | | |
|---|---|---|---|---|---|---|
| 86 | Benjoin | | Benzoë | Benzoin | Benzoïn | Belzoino |
| 87 | Gomme gutte | | Gummi-Gutti | Gamboge | Gittegom | Gomma gotta |
| 88 | Liège | | Kork | Cork | Kurk | Sughero |
| 90 | Jarrah | | = | = | = | = |
| 91 | Karri | | = | = | = | = |
| 92 | Teck | | Teakholz | Teakwood | | Legno teak |
| 93 | Rotin | | Stuhlrohr | Rattan | Rotan | Canna d'India |
| 94 | Ebène | | Ebenholz | Ebony | Ebbenhout | Ebano |
| 95 | Bambou | | Bambusrohr | Bamboo | Bamboes | Bambù |
| 96 | Gaïac | Gayac | Pockholz<br>Guajakholz | Guaiacum-wood | Pokhout | Legno di<br>Guiaco |
| 97 | Acajou | | Mahagoni | Mahogany | Mahoniehout | Legno di<br>Mogano |
| 98 | Palissandre | Jacaranda | Palissanderholz | Palixandre-wood | Purperhout | Legno<br>di Palissandro |
| 99 | Noix d'Arec | Bétel | Betelnüsse | Areca-nuts,<br>Betel-nuts | Betelnoot | Noce d'areca,<br>Betel |
| 111 | Chanvre | | Hanf | Hemp | Hennep | Canapa |
| 115 | Colza | | Raps | Colza | Raap | Colza |
| 135 | Lin | | Flachs | Flax | Vlas | Lino |
| | Huile de lin | | Leinoel | | Lijnsaad-olie | Olio di lino |
| 138 | Maïs | | Mais | Maize,<br>Indian Corn | Maïs | Granturco<br>Seme |
| 143 | Ricin<br>(graines de) | | Ricinussamen | Castor seeds | | Seme di ricino |
| | Ricin (huile de) | | Ricinusoel | Castor-oil | | Olio di ricino |
| 145 | Savon | | Seife | Soap | Zeep | Sapone |
| | Bougies | | Stearinkerzen | Candles | Kaars | Candele |

**DROITS** exprimés en francs, auxquels 100 kilos des principaux produits décrits ou cités dans l'ouvrage sont soumis à leur entrée en :

| Pages correspondantes | Nom du produit | France | Allemagne | Suisse | Italie |
|---|---|---|---|---|---|
| 1 | Café. . . . . . . . . . | 136 » | 50 » | 3 50 | 150 » |
| 3 | Thé. . . . . . . . . | 208 » | 125 » | 40 » | 250 » |
| 5 | Cacao en fèves. . . . | 104 » | 43 75 | 1 » | 100 » |
| | Chocolat . . . . . . | 100 à 150 » | 100 » | 30 » | 130 à 200 » |
| 7 | Sucre, selon la provenance. . . . . . | 60 à 76 » | 50 » | 7 50 | 88 à 99 » |
| 9 | Riz en paille. . . . | 3 » | 5 » | 0 30 | 5 » |
| | — entier. . . . . . | 8 » | 5 » | 2 50 | 7 50 à 11 » |
| 11 | Mil . . . . . . . . . | 3 » | 1 25 | 0 30 | 1 15 |
| 13 | Tapioca. . . . . . . | 9 » | 15 65 | 7 » | 2 » |
| 14 | Figues sèches . . . . | 2 » | 10 à 30 » | 15 » | 15 » |
| 15 | Muscades et Macis. . | 312 » | 62 50 | 15 » | 300 » |
| 16 | Cannelle. . . . . . . . | 208 » | 62 50 | 15 » | 150 » |
| 17 | Poivre. . . . . . . . | 208 » | 62 50 | 15 » | 120 » |
| 19-20 | Piment . . . . . . . | 208 » | 62 50 | 15 » | 120 » |
| 21 | Huile d'Olive pour savonnerie . . . . | 3 » | 2 50 à 3 75 | 1 » | 6 à 15 » |

| | | | | | |
|---|---|---|---|---|---|
| [illegible] | [illegible] | [illegible] | [illegible] | [illegible] | [illegible] |
| 24 | Vanille . . . . . . . | 416 » | 62 50 | 15 » | 350 » |
| 25 | Clous de Girofles. . . | 208 » | 62 50 | 15 » | 150 » |
| 27 | Mandarines . . . . . | 10 » | 5 » | 15 » | 4 » |
| | Oranges et Citrons . | 5 » | 5 » | 15 » | 4 » |
| 29 | Badiane. . . . . . . | | | | |
| 30 | Tabac en feuilles . . | Prohibé sauf pour la régie | 106 25 | 25 » | Prohibé sauf pour la régie |
| | Cigares et cigarettes. | 3.600 » | 337 50 | 150 » | 3.500 » |
| | Tabac à fumer du Levant. . . . . . . | 2.500 » | 225 » | 75 » | 2.000 » |
| | Tabac à fumer d'autre origine . . . . . . | 1.500 » | | | |
| 32 | Écorce de Quinquina | exempt | exempt | 3 » | exempt |
| 37 | Camphre brut. . . . | 2 » | » | 20 » | » |
| | — raffiné. . . | 6 » | » | 10 » | 25 » |
| 40 | Huile d'Olives pour savonnerie. . . . . | 3 » | 2 50 à 3 75 | 1 » | 6 à 15 » |
| | Huile d'Olives, autre. | 10 » | 3 75 à 25 | 1 » | |
| 41 | Fruits, graines oléagineux . . . . . . | exempt | 2 50 | 0 30 | 6 » |
| | Huile d'Arachides . . | 6 » | 12 50 | 1 » | 24 » |
| 43 | Huile de Coco. . . . | 1 » | 2 50 | 1 » | exempt |
| 44 | Huile de Palme . . . | 1 » | 2 50 | 1 » | » |
| 45 | Huile de Sésame. . . | 6 » | 12 50 | 1 » | 24 » |
| 46 | Touloucouna. . . . . | 1 » | 2 50 | 1 » | 24 » |
| | Illipé . . . . . . . . . | 1 » | 2 50 | 1 » | exempt |

| Pages correspondantes | Nom du produit | France | Allemagne | Suisse | Italie |
|---|---|---|---|---|---|
| 50 | Curcuma . . . . . . | exempt | exempt | 0 20 | » |
| 51 | Indigo. . . . . . . . | » | » | 4 » | » |
| 52-53 | Bois de teinture. . . | » | » | 0 20 | » |
| 54 | Quercitron . . . . . | » | » | 0 20 | 10 à 12 50 |
| 55 | Noix de Galles. . . . | » | » | 0 20 | exempt |
| 58 | Rocou. . . . . . . . | exempt | exempt | 0 20 | exempt |
| 59 | Cachou . . . . . . . | » | » | 0 20 | » |
| 60 | Gambier . . . . . . | » | » | 0 20 | » |
| 61 | Dividivi. . . . . . . | » | » | 0 20 | » |
| 62 | Chanvre de Manille. | » | » | 0 30 | » |
| 64 | Coton brut . . . . . | » | » | 0 30 | » |
| | Huile de Coton . . . | 6 » | 2 50 | 1 » | 24 » |
| 67 | Halfa . . . . . . . . | exempt | exempt | 0 30 | exempt |
| 69 | Jute brut . . . . . . | » | » | 0 30 | » |
| 72 | Ramie brute. . . . . | » | » | 0 30 | » |
| 73 | Henequen. . . . . . | » | » | 0 30 | » |
| 75 | Cire végétale. . . . | 8 » | 18 75 | 1 » | 8 » |
| 77 | Gommes. . . . . . . | exempt | exempt | 0 20 | exempt |
| 79 | Caoutchouc . . . . . | » | » | 1 » | » |
| 83 | Gutta-percha . . . . | » | » | 1 » | » |

| | | | | | |
|---|---|---|---|---|---|
| 111 | Chanvre brut . . . . | exempt | exempt | 0 30 | exempt |
| 116 | Coïr. . . . . . . . . | » | » | 0 30 | — |
| | Coprah . . . . . . . | » | 2 50 | 0 30 | 6 » |
| 135 | Lin brut . . . . . . | exempt | exempt | 0 30 | exempt |
| | — graines . . . . . | » | 2 50 | 0 30 | 6 » |
| | — huile . . . . . . | 6 » | 5 » | 1 » | 24 » |
| 138 | Maïs. . . . . . . . | 3 » | 2 » | 0 30 | 1 15 |
| 150 | Tampico. . . . . . . | exempt | exempt | 0 30 | exempt |

A l'encontre de la Suisse qui, à l'entrée chez elle, impose de très nombreux articles, mais faiblement, la **Grande-Bretagne** n'en soumet que fort peu à des droits d'entrée, mais alors relativement élevés. Voici tous ceux concernant les produits énumérés dans le tableau qui précède :

| | | | | | |
|---|---|---|---|---|---|
| Café. . . . . . . . . . . | 35f » | les 100 kilos | Figues (!) . . . . | 17f 50 | les 100 kilos |
| Thé . . . . . . . . . . . | 139 » | — | Tabac en feuilles. | 740 à 835 » | — |
| Cacao . . . . . . . . . | 23 » | — | — à fumer. . | 950 à 1.065 » | — |
| Chocolat. . . . . . . . | 46 » | — | Cigares et cigarettes. | 1.400 » | — |

Pour finir, voici à titre de comparaison et exprimés en millions de francs les sommes encaissées par les douanes en 1899 pour quelques produits en :

| | France | Allemagne | Grande-Bretagne |
|---|---|---|---|
| | — | — | — |
| Café. . . . . . . . . . . . . . . . | 126 | 83 | 4 1/2 |
| Thé. . . . . . . . . . . . . . . . | 2 | 3 1/2 | 101 |
| Cacao. . . . . . . . . . . . . . . | 18 1/2 | 8 | 3 1/2 |
| Tabac. . . . . . . . . . . . . . . | 1/2 | 64 | 275 |
| *Total général des droits perçus.* . | 441 1/2 | 619 | 503 |

Le chiffre total indiqué pour la France est insuffisant; il faudrait y faire entrer les sommes que produit le monopole des tabacs.

# AVIS DE L'ÉDITEUR

Je tiens à signaler les noms de toutes les personnes grâce au concours desquelles il m'a été possible de publier certaines planches, notamment :

M. *Aug. Chevalier,* qui m'a obligeamment prêté ses clichés de l'embarquement des Arachides et des Palmiers à huile; M. le *Dr Trabut,* auquel je dois la figure du Henequen; M. le *Dr Huber,* d'après un ouvrage duquel ont été reproduits le Phytelephas et la fumigation du Caoutchouc; le *Musée colonial de Haarlem,* dont une iconographie m'a permis de donner les vues des récoltes ou plantations de Café, Sucre, Poivre, Tabac, Quinquina, Kapok et Bambou.

Je leur en exprime ici toute ma gratitude.

**L'Éditeur.**

# TABLE PAR FAMILLES DES ESPÈCES FIGURÉES

# TABLE ALPHABÉTIQUE

Les noms latins sont imprimés en *italique*.

# TABLE GÉNÉRALE

Paris. — Imp. J. Mersch, 4 *bis*, avenue de Châtillon.
Paris. — Chromotypographie Draeger.
Paris. — Photogravure A. Barret.

# Librairie des Sciences Naturelles

PAUL KLINCKSIECK

## Léon LHOMME, Succr

3, rue Corneille, 3

PARIS-VIe

EXTRAIT DU

# *Catalogue Général*

SEPTEMBRE 1910

## CONDITIONS GÉNÉRALES

*Les prix sont nets et comprennent les frais de port des envois à faire en province ou à l'étranger.*

*Toute demande doit être accompagnée de son montant en un mandat-poste ou chèque sur Paris.*

*Je ne fais pas d'envois contre remboursement.*

*On peut aussi se procurer mes éditions chez les principaux libraires de France et de l'étranger.*

*Un spécimen des ouvrages à planches est envoyé sur demande.*

**Ce catalogue annule les précédents.**

# Dictionnaire d'Horticulture

ILLUSTRÉ

de 959 figures dans le texte, dont 403 en couleur
et 6 plans coloriés hors texte

**Par D. BOIS**

*Assistant au Muséum d'Histoire naturelle*

en collaboration avec de nombreux spécialistes

**Préface par Maxime CORNU**

*Professeur au Muséum*

Deux volumes grand in-8° de 1228 pages, brochés . . . Prix : **40 f**

Le même, relié en deux volumes, toile pleine, avec fers spéciaux . . . . . . . . . . . . . . . . . . . . . — **45 f**

Le même, relié en un volume, demi-chagrin . . . . . — **45 f**

*Le* **Dictionnaire d'Horticulture,** *ouvrage pratique et entièrement or ginal, s'adresse aussi bien aux jardiniers qu'aux amateurs et gens du mon n'ayant que peu ou pas de connaissances horticoles.*

*Les plantes de plein air et de serres, les arbres fruitiers ou d'ornement, l légumes sont traités avec tous les développements qu'ils comportent.*

*Plus de 25 spécialistes autorisés traitent, chacun en ce qui le concerne, l opérations culturales, la greffe et la taille des arbres, le chauffage des serr les questions d'engrais, l'outillage horticole, les maladies des plantes, insectes et autres animaux nuisibles ou utiles au jardin. Chaque aute signe ses articles.*

*Les figures, dont près de moitié en couleur dans le texte même, ont choisies de préférence parmi celles qui ne se trouvent pas dans mes dive Atlas.*

Librairie PAUL KLINCKSIECK. Rue Corneille, 3, Paris.

# *Bibliothèque de Poche du Naturaliste*

La **BIBLIOTHÈQUE DE POCHE DU NATURALISTE**, inaugurée en mai 1894 par l'**Atlas des Plantes des champs, des prairies et des bois**, s'est rapidement fait une place à part parmi tant d'ouvrages destinés à vulgariser les connaissances en histoire naturelle.

Le plan adopté pour ces volumes peut se résumer ainsi :

**1° Emploi de grandes figures coloriées, représentant les sujets les plus répandus que tout le monde peut rencontrer ;**

**2° Format très portatif** (celui de ce catalogue) ;

**3° Texte intéressant, mis à la portée de tout le monde par l'emploi de termes simples, non savants** ;

**4° Disposition de ce texte en regard des planches;**

**5° Exécution très soignée;**

**6° Prix très réduit : tous les volumes à 7 francs.**

Les volumes de la **Bibliothèque de Poche**, parus jusqu'à fin 1910, renferment en tout :

**1720** planches coloriées et
**134** — noires, représentant :
**1605** espèces de plantes
**1224** — d'animaux.

*Il n'existe nulle part ailleurs une collection analogue offrant pour une somme aussi modique une pareille profusion de planches coloriées. Tous ces volumes se vendent séparément cartonnés toile pleine, souple, coins arrondis, tranche rouge; ils n'existent pas brochés.*

Voir pages 12 et suivantes les titres des volumes publiés.

*La collection sera augmentée annuellement d'un ou deux volumes conçus dans le même esprit.*

Par suite de la hausse générale sur les matières premières et la main-d'œuvre, le prix de mes Atlas de poche a été porté à 7 francs, depuis le 1er Janvier 1909.

# BIBLIOTHÈQUE DE POCHE DU NATURALISTE

I. **Atlas de poche des Plantes des champs, des prairies et des bois**, à l'usage des promeneurs et des excursionnistes. **Série I.** *5e édition.* 128 planches coloriées et 23 planches noires représentant 181 plantes ou arbres communs en France avec 162 pages de texte par R. SIÉLAIN. Cartonné . . . . . . . Prix : **7** fr.

*Chaque planche indique l'endroit où se trouve la plante, son époque de floraison, ses noms habituels, français, latin et celui de la famille. Les plantes sont classées par ordre de floraison.*

V. **Atlas de poche des Plantes des champs, des prairies et des bois**, à l'usage des promeneurs et des excursionnistes. **Série II.** *3e édition.* 128 planches coloriées et 23 planches noires représentant 154 plantes ou arbres communs en France avec 162 pages de texte par R. SIÉLAIN. Cartonné . . . . Prix : **7** fr.

*Quoique indépendant du premier volume, il lui fait suite et le complète. Les plantes figurées dans les deux volumes ne représentent que des espèces de pays peu accidentés. La Série II renferme quelques espèces du littoral.*

X. **Atlas de poche des Plantes des champs, des prairies et des bois**, à l'usage des promeneurs et des excursionnistes. **Série III.** *2e édition.* 128 planches coloriées représentant 129 plantes communes en France avec 154 pages de texte par R. SIÉLAIN. Cart. Prix : **7** fr.

*La Série III, parue fin avril 1899, contient une Table générale des 3 séries. On y trouve des renseignements pour la formation d'un herbier.*

*Ce volume contient encore des espèces répandues partout, pouvant intéresser le promeneur et l'excursionniste. Il n'y a aucun double emploi dans les 3 séries; l'une complète l'autre. Au total, 389 espèces herbacées et 75 espèces ligneuses sont représentées dans les 3 volumes.*

**En préparation, pour paraître en avril 1911 :**

**Atlas de poche des Plantes des champs, des prairies et des bois. Série IV.** 128 pl. color. Cart. Prix : **7** fr.

*Pour les Montagnes, voir* **Nouvelle Flore coloriée,** *par* FLAHAULT.

**Ces ouvrages n'exigent aucune connaissance en botanique.**

I. **Nouvelle Flore coloriée de poche des Alpes et des Pyrénées. Série I.** 144 planches coloriées et 153 figures noires représentant 325 espèces, avec 207 pages de texte, par Ch. FLAHAULT, professeur à l'Université de Montpellier.

XVI. **Nouvelle Flore coloriée de poche des Alpes et des Pyrénées. Série II.** 140 planches coloriées et 123 figures noires représentant 263 espèces, avec 160 pages de texte, par Ch. FLAHAULT, professeur à l'Université de Montpellier.

***La Série III paraîtra au Printemps 1912 :***

II. **Nouvel Atlas de poche des Champignons comestibles et vénéneux les plus répandus** suivi de notions générales sur les champignons, leur classification, composition chimique, valeur alimentaire, préparation culinaire, culture, etc. *2e édit.* 64 planches coloriées représentant 66 espèces, avec texte par Paul DUMÉE, membre des Sociétés botanique et mycologique de France. Peintures par A. BESSIN. Cartonné . . . . . . . . . . . . . . . Prix : **7** fr.

XIII. **Flore coloriée de poche du Littoral méditerranéen de Gênes à Barcelone, y compris la Corse**, par le Dr O. PENZIG, Professeur à l'Université de Gênes. 139 planches coloriées et 5 planches noires représentant 144 plantes communes sur le Littoral, avec 170 pages de texte. Cartonné. . . Prix : **7** fr.

XIV. **Atlas de Poche des Fleurs de Jardins les plus faciles à cultiver**, par Paul HARIOT. 128 planches coloriées, représentant 137 plantes communes avec 190 pages de texte. Cartonné. . . . . . Prix : **7** fr.

*Chaque planche indique si la plante est annuelle, bisannuelle ou vivace et l'époque de sa floraison.*

XV. **Atlas de poche des Arbustes et Arbrisseaux les plus faciles à cultiver**, par Paul HARIOT. 122 planches coloriées et 6 noires représentant 128 espèces avec 190 pages de texte. Cartonné. . . Prix : **7** fr.

*Fait suite au précédent.*

*Chaque planche indique l'époque de la floraison ou de la fructification*

XII. **Atlas de poche des Plantes utiles des Pays chauds les plus importantes pour le commerce**, par P. de JANVILLE. 63 pl. col. et 37 pl. noires représentant 78 espèces et 21 vues d'ensemble, de culture ou de végétation, avec 180 pages de texte. Cart. Prix : **7** fr.

*Cacao, Café, Thé, Épices, Huiles, Parfums, Textiles, Caoutchouc, Gommes, Bois, etc.*

*Intéresse le commerçant, les élèves des écoles commerciales et... tout consommateur.*

IV. **Atlas de poche des Insectes de France utiles ou nuisibles**, précédé d'une étude d'ensemble sur les insectes. 2e *éd.*, 72 pl. col. représentant 322 insectes, avec 160 pages de texte, par E. DONGÉ. Cart. . Prix : **7** fr.

*Chaque planche indique les endroits où se trouvent ces insectes, ainsi que leurs noms habituels français et latin.*

VII. **Atlas de poche des Oiseaux de France, Suisse et Belgique, utiles ou nuisibles,** par le Baron L. D'HAMONVILLE. **Série I.** *2e édit.* 72 pl. col. et 4 pl. noires représentant 70 oiseaux, 28 œufs et 4 nids, avec 160 pages de texte. Cartonné. . . Prix : **7** fr.

*Chaque planche contient un oiseau, représenté en entier avec son œuf s'il est typique, et indique si l'oiseau est sédentaire ou migrateur, utile, nuisible ou indifférent, ses noms habituels français, populaires et latin, ainsi que celui de la famille.*

IX. **Atlas de poche des Oiseaux de France, Suisse et Belgique,** suivi d'un catalogue descriptif complet de tous les oiseaux de ces pays, par le Baron L. D'HAMONVILLE. **Série II.** 72 pl. col. et 16 pl. noires représentant 85 oiseaux, 20 œufs et 4 poussins, avec 164 pages de texte. Cartonné. . . Prix : **7** fr.

*Les 2 séries réunies contiennent 155 oiseaux, 48 œufs, 4 poussins et 4 nids.* Il n'y a aucune répétition.

VIII. **Atlas de poche des Papillons de France, Suisse et Belgique, les plus répandus,** avec description de leurs chenilles et chrysalides et étude d'ensemble sur les papillons, par le Dr Paul GIROD. 72 planches coloriées représentant 285 papillons, avec 180 pages de texte. Cartonné . . . . . . . . . . . Prix : **7** fr.

VI. **Atlas de poche des Coquilles des côtes de France communes, pittoresques ou comestibles,** par Ph. DAUTZENBERG, suivi d'un appendice sur les Crustacés, Oursins, etc., les plus communs des plages. 64 pl. coloriées et 8 pl. noires renfermant 235 espèces, avec 160 pages de texte. Cart. Prix : **7** fr.

XI. **Atlas de poche des Poissons d'eau douce de France, Suisse romande et Belgique les plus répandus,** suivi d'un appendice sur les Tritons, Tortues, Crustacés, Mollusques, etc., les plus communs de nos cours d'eau et étangs, par C. RAVERET-WATTEL, Directeur de l'Établissement de Pisciculture du Nid-de-Verdier. 64 planches coloriées et 8 planches noires représentant 64 poissons et 30 autres animaux, avec 160 pages de texte. Cart. Prix . . . . . . . . . . . . . . . . . . . **7** fr

XVII. **Atlas de poche des Poissons de mer des côtes de la France et de la Belgique,** avec leur description, mœurs et organisation, suivi d'un appendice sur les Cétacés, par C. RAVERET-WATEL. 72 planches coloriées et 20 figures noires représentant 72 poissons et 9 autres vertébrés marins, avec 264 pages de texte. Cartonné. . . . . . . . . . . . . . . Prix : **7** fr

---

***Vient de paraître :***

# *Atlas de Poche*
# *des Mammifères*
## *de France, Suisse et Belgique*

48 PLANCHES COLORIÉES ET FIGURES NOIRES DANS LE TEXTE

**Par R. MARTIN**

Aquarelles de A. BESSIN

Cartonné. . . . . . . . . . . . . . . . . Prix : **7** fr

---

Librairie PAUL KLINCKSIECK. Rue Corneille, 3, Paris

**Déjà parus aux Éditions Bibliomane, collection « curiosités naturelles » :**

*Atlas de poche des plantes des champs, des prairies et des bois à l'usage des promeneurs et des excursionnistes* (série IV)
R. Siélain et aquarelles de M^lle^ Bissonnet (fac-similé de l'édition originale de 1911)

*Atlas de poche des plantes des champs, des prairies et des bois à l'usage des promeneurs et des excursionnistes* (série III)
R. Siélain et dessins de M^me^ Herincq (fac-similé de l'édition originale de 1906)

*Atlas de poche des plantes des champs, des prairies et des bois à l'usage des promeneurs et des excursionnistes* (série II)
R. Siélain et dessins d'A. d'Apreval (fac-similé de l'édition originale de 1900)

*Atlas de poche des plantes des champs, des prairies et des bois à l'usage des promeneurs et des excursionnistes* (série I)
R. Siélain (fac-similé de l'édition originale de 1910)

*Atlas colorié des plantes médicinales indigènes*
Paul Hariot (fac-similé de l'édition originale de 1909)

*Atlas de poche des fleurs de jardins les plus faciles à cultiver*
Paul Hariot et dessins d'A. L. Regnie (fac-similé de l'édition originale de 1912)

*Atlas de poche des arbustes et arbrisseaux les plus faciles à cultiver*
Paul Hariot et dessins d'A. L. Regnie (fac-similé de l'édition originale de 1904)

*Nouvel Atlas de poche des champignons comestibles et vénéneux* (série II)
Paul Dumée et peintures d'A. Bessin (fac-similé de l'édition originale de 1911)

*Atlas de poche des oiseaux de France, Suisse et Belgique utiles et nuisibles* (série I)
Baron L. d'Hamonville (fac-similé de l'édition originale de 1898)